中国气候变化监测公报
（2015 年）

中国气象局气候变化中心　编著

国家重大科学研究计划资助（2012CB955900）　　　　　　　共同资助
中国气象局气候变化专项《中国气候变化监测公报》（2015 年）

科学出版社
北　京

内 容 简 介

为更好地总结中国气候变化监测年度最新成果，积极应对和适应全球变暖和极端天气气候事件增多现实，中国气象局气候变化中心组织国内近60位专家编写了气候变化年度进展公报。全书共分五章，分别从大气、海洋、冰雪、陆地生态和影响因子等方面揭示了诸多气候变化相关联的科学事实，可为政府有效制定气候变化政策和谈判策略，满足国内外科研与技术交流需要，提升现代气候变化业务能力，更好地开展专业教育和科普宣传提供科学依据。

本书的主要读者包括政府部门、企事业单位、群众组织和民间团体的有关人员，气候和气候变化相关学科的专业技术人员、大专院校师生和具有一定专业知识背景的各界人士。

图书在版编目（CIP）数据

中国气候变化监测公报.2015 年/中国气象局气候变化中心编著.

—北京:科学出版社,2016.5

ISBN 978-7-03-048283-9

Ⅰ.①中… Ⅱ.①中… Ⅲ.①气候变化–监测–中国–2015–年报

Ⅳ.①P467

中国版本图书馆 CIP 数据核字（2016）第 103592 号

责任编辑：万　峰　朱海燕/责任校对：何艳萍
责任印制：肖　兴/封面设计：北京图阅盛世文化有限公司

科 学 出 版 社 出版
北京东黄城根北街 16 号
邮政编码：100717
http://www.sciencep.com
中国科学院印刷厂 印刷

科学出版社发行　各地新华书店经销

*

2016 年 5 月第　一　版　　开本：720×1000　1/16
2016 年 5 月第一次印刷　　印张：6 3/4
字数：136 000

定价：98.00 元
（如有印装质量问题，我社负责调换）

《中国气候变化监测公报》（2015年）编写专家

主　编： 宋连春

副主编： 巢清尘　周　兵　邵　勰

编写专家：（按姓氏汉语拼音排序）

艾婉秀　车慧正　陈　洁　杜　军　方　锋　郭建广　郭艳君

何洁琳　侯　威　靳军莉　康世昌　李清泉　李　莹　李喜仓

李忠勤　李子祥　刘洪滨　柳晶辉　柳艳菊　刘玉莲　廖要明

吕珊珊　马丽娟　聂　羽　任玉玉　邵佳丽　司　东　孙丞虎

孙兰东　王　冀　王　缅　王长科　王东阡　王朋岭　王艳姣

王召民　王遵娅　武炳义　闫宇平　杨昭明　袁春红　袁　媛

翟建青　翟志宏　张培群　张晔萍　张颖娴　赵长海　赵　林

郑永光　郑向东　朱　琳　朱　蓉　朱晓金

序

 气候是人类赖以生存和发展的基础条件之一，也是经济社会可持续发展的重要资源。近百年来，受自然和人类活动的共同影响，全球正经历着以变暖为显著特征的气候变化，对自然生态系统和经济社会可持续发展产生了明显影响。

 2015 年是自 1880 年以来全球最暖的一年，也是中国自 1951 年有完整气象记录以来最暖的一年。2015 年年底召开的巴黎气候变化大会，147 位国家元首和政府首脑，以及 195 个缔约国代表与会，167 个国家提交了国家应对气候变化自主贡献文件，达成了 2020 年后国际应对气候变化协议，树立了全球气候治理进程中的重要里程碑，也使气候变化再度成为全球热点问题和国际社会面临的重大共同挑战。气候变化带来了不可回避的气候安全问题，与粮食安全、生态安全、环境安全、能源安全、国防安全等安全问题具有明显的联动效应，事关国家安全和全球安全，以及社会经济可持续发展。人类应当正视并采取行动应对气候变化，降低气候风险，保护气候安全。

 科学把握气候规律，有效降低气候灾害风险，合理开发利用气候资源，是科学应对气候变化的基础。多年来，中国气象局认真履行政府职能，不断加强气候变化监测、影响评估、预测预估、决策服务、科学研究等能力建设，切实发挥国家应对气候变化的科技支撑作用。2010 年以来，中国气象局每年发布《中国气候变化监测公报》，提供中国、亚洲和全球气候变化状态的最新监测信息，揭示气候变化的科学事实，得到了各方面的肯定和支持。

 根据各方面的要求，中国气象局在对《中国气候变化监测公报》改进的基础上，现予正式出版。在此，我对付出辛勤劳动的科技工作者表示诚挚的感谢！

中国气象局局长 郑国光

2016 年 3 月

目　　录

摘　要

全球气候变化是当今世界以及今后长时期内人类共同面临的巨大挑战，攸关人类未来。中国是全球气候变化的敏感区和显著区之一。全球气候变化导致气候变暖与极端事件发生的频率和强度变化，如高温热浪、暴雨洪涝、区域性干旱、霾污染等极端天气气候事件频繁发生。气候系统的多种指标和观测表明，2015年全球表面平均温度比 1961～1990 年的平均值偏高 0.76℃，成为自 1880 年以来全球最暖的一年，比第一次工业化革命前高出约 1.0℃。北半球表面平均温升温速率明显大于南半球。2015 年北半球表面平均温度较常年偏高 1.00℃，是南半球的两倍。

2015 年亚洲地表平均气温比常年值偏高 1.17℃，为 1901 年以来的第一高值年。近百年间（1901~2015 年），亚洲地表平均气温上升了 1.45℃。1951～2015年，中国地表年平均气温呈显著上升趋势；2015 年中国地表平均气温为 10.5℃，比常年偏高 1.3℃，是自 1951 年有完整气象记录以来最暖的年份。中国区域平均气温总体呈上升趋势，但区域差异较大，北方（华北、西北和东北）较南方增温速率更加明显，西部较东部更加突出，其中青藏地区增温速率高达 0.36℃/10a。1961～2015 年，中国上空对流层低层和顶层平均气温显著上升，平流层下层平均气温明显下降。

1961 以来，亚洲季风环流系统表现出明显的强—弱—强年代际变化特征，但2014 年前后东亚夏季风和冬季风强度均表现出年代际转折趋势，由强转弱。2015年东亚夏季风偏弱，东亚冬季风接近正常略偏弱。近百年中国平均年降水量无明显线性变化趋势，以 20～30 年的年代际波动为主，年际变率大。2015 年较常年偏多 20.1mm，中国东部呈"南多北少"特征。全国八大区域平均年降水量偏多最为显著的是华东和华南区域，偏少最为显著的是青藏地区。中国东部不同气候区年降水量长期变化差异较大，北京、哈尔滨等地以年代际变化最为显著，上海、广州等地近 50 年线性增加比较明显。

1961～2015 年，中国平均≥10℃的年活动积温以及年累计暴雨站日数呈明显增加趋势，年平均雨日和日照时数、风速、北方沙尘日数总体呈下降趋势；中国平均总云量 20 世纪 90 年代后期以来呈现上升趋势。中国暖季雷暴日数区域差异明显，同时各区域雷暴日数存在显著的年际和年代际变化。1961～2015 年，北京等地雷暴日数呈线性减少趋势，而香港等地区线性增加趋势清晰；中国东部地区大气环境容量总体呈下降趋势，平均每十年下降 3%，但 2015 年大气环境容量较 2014 年增加 2%。

中国极端高温事件、极端强降水事件频次趋多，极端低温事件频次显著减少，区域性干旱事件呈弱线性上升趋势。西北太平洋和南海台风生成个数趋于减少，但近 10 年登陆中国的台风强度明显增强；2015 年，登陆台风年平均强度为 1949 年以来最大。同时，超强厄尔尼诺事件在 2015 年 11 月达到峰值（2.9℃），其区域和全球气候影响显著。

中国近海海域的海平面持续偏高，平均上升速率为 3.0mm/a。2015 年全国海平面较 1975～1993 年平均值偏高 90mm，但较 2014 年略有下降；渤海、黄海、东海和南海各海区沿海海平面较上年分别下降 26mm、19mm、19mm 和 22mm。1950～2015 年，北大西洋海表温度表现出明显的年代际变化特征，20 世纪 80 年代中期以来持续偏高；热带印度洋海表温度呈显著上升趋势。2015 年，全球多数海域的海表温度都呈现偏高的特征，尤其热带中东太平洋、北太平洋东部，以及北冰洋部分海域偏暖最为显著。

1979～2015 年，北极海冰范围显著减小，而南极海冰范围略有增加。2015 年，北极海冰范围最小值出现在 3 月，并创历史新低，中国渤海海域冰情总体上较常年偏轻。2014/2015 年冬季，中国三大积雪区积雪覆盖率均较 1990 年以来同期平均值偏高。2015 年是全球冰川物质损失最为剧烈的年份之一，天山乌鲁木齐河源 1 号冰川物质平衡量为–967mm，为有观测记录以来第二低值，仅次于 2010 年。1980～2015 年，青藏铁路沿线多年冻土区活动层厚度明显增加，且呈加速增厚态势，表明多年冻土退化明显。

1961～2015 年，松花江、长江、珠江、东南诸河和西北内陆河流域地表水资源量总体表现为增加趋势，辽河、海河、黄河、淮河和西南诸河流域则表现为减少趋势。2015年，中国平均地表水资源量较常年偏多，尤其是东南诸河、长江和西北内陆河流域分别较常年偏多24.6%、10.2%和15.8%。青海湖水位持续上升，石羊河流域荒漠面积亦为近11年来最小，华中地区主要湖泊湿地的面积减幅明显趋缓；全国绝大部分地区植被覆盖接近近年同期，内蒙古荒漠草原和典型草原区牧草生长季延长，荒漠草原区气候生产潜力增加，广西石漠化区秋季植被覆盖总体呈增长趋势。

1961～2015年，中国陆地表面太阳年总辐射量趋于减少，2015年较常年偏少45.9 kW·h/m^2。2015年，智利卡尔布科火山达到红色预警等级。1990年以来，中国青海瓦里关（全球本底站）监测表明大气二氧化碳浓度持续上升，2014年浓度超过397.6ppm[①]，而北京上甸子等区域本底站二氧化碳浓度已突破400ppm。此外，甲烷、氧化亚氮和六氟化硫浓度均为有直接观测以来的最高值。近5年来，北京上甸子、浙江临安、黑龙江龙凤山等3个区域本底站气溶胶光学厚度年平均值呈线性增加趋势，但2015年较2014年略有减小；2015年，京津冀、珠三角、长三角区域本底站PM2.5年平均浓度分别为33.6μg/m^3、31.2μg/m^{3}和24.7μg/m^3，总体情况有不同程度的好转。

---

① ppm为干空气中每百万（10^6）个气体分子中所含的该种气体分子数。

Abstract

Global climate change is a huge challenge facing the human beings in today's world and in the long term future. China is one of the areas which are sensitive to and significantly influenced by the climate change. The occurrence frequency and intensity of extreme events increased in the context of global warming, such as heat waves, heavy rainfall and flooding, regional drought, haze pollution and other extreme weather and climate events. According to the observation and a variety of indicators of the climate system, the global average surface temperature in 2015 was 0.76℃ higher than the average during 1961~1990. Year of 2015 became the world warmest year since 1880, in which the global average surface temperature was about 1.0℃ warmer than that before the First Industrial Revolution. The average surface temperature of the Northern Hemisphere rose significantly faster than that of the Southern Hemisphere, which was 1.00℃ above normal in 2015, and was double of that in the Southern Hemisphere.

In 2015, the average surface temperature of Asia was 1.17℃ above normal, which was the highest record since 1901. During the past hundred years (1901~2015), the average surface temperature of Asia increased by 1.45℃. During 1951~2015, China's annual mean surface temperature illustrated a significant upward trend. In 2015, China's average surface temperature was 10.5℃, 1.3℃ above normal, so that year of 2015 was the warmest year since 1951 with complete meteorological records. The regional mean temperature in China was overall on the rise, but exhibited remarkable regional differences. In other words, northern China (North China, Northwest China and Northeast China) and western China showed greater increasing rates than southern China and eastern China, respectively. The Qinghai-Tibet Region even witnessed an increasing rate of 0.36°C per decade. During 1961~2015, the average temperature in the lower troposphere and upper troposphere over China both showed significant increase, while the temperature of lower stratosphere showed significant decrease.

Since 1961, the Asian Monsoon Circulation System was characterized by obvious strong-weak-strong inter-decadal variation. However, the strength of the East Asian Summer Monsoon and Winter Monsoon both turned from strong to weak in 2014. During 2015, the East Asian Summer Monsoon was slightly weaker than normal, while East Asian Winter Monsoon was near normal. The national mean precipitation showed no significant linear trend in the past century, but was dominated by a 20~30 years inter-decadal fluctuation and large inter-annual variability. The mean precipitation was 20.1 mm more than normal in 2015. The annual mean precipitation over Eastern China was featured by "more in south but less in north". Among all the eight regions in China, the rainfall over East China and South China experienced the most significant increase, while that in Qinghai-Tibet Region experienced the most significant decrease. In eastern China, there were large discrepancies of the long-term variability of annual rainfall in different climatic regions. Beijing and Harbin showed the most remarkable inter-decadal variation, while Shanghai and Guangzhou showed obvious linear increase for recent 50 years.

During 1961~2015, China's annual active accumulated temperature above 10°C and the total number of single-station rainstorm days increased, while the annual average rainy days, sunshine duration, wind speed and sand storm days in northern China decreased. The total cloud cover was on the rise since the late 1990s. The number of thunderstorm days in warm season showed obvious regional difference. Meanwhile, significant inter-annual and inter-decadal variability existed in the number of thunderstorm days across various regions. During 1961~2015, the number of thunderstorm days showed decreasing trend in Beijing and increasing trend in Hong Kong, respectively. In eastern China, the atmospheric environment capacity exhibited decreasing trend, with an average of –3% per decade. The atmospheric environment capacity in 2015 rose by 2% compared with that in 2014.

The extreme high-temperature events and extreme heavy rainfall events occurred more frequently, whereas extreme low-temperature events decreased significantly, and regional drought events tend to proceed with weak increase. The number of typhoon genesis in the Northwest Pacific and South China Sea tends to decline, but the intensity of typhoons landed on China significantly increased in the past decade. In 2015, the mean intensity of landfall typhoons reached the maximum level since 1949. At the same time, the evolution of Super El Niño Event reached its peak (2.9℃) in November 2015, and regional impact and global climate impact of such Super El Niño Event were significantly great.

China's offshore sea level remained higher than normal, with an average rising rate of 3.0 mm per year. In 2015, national sea level was 90 mm higher than the average of 1975~1993, but was slightly lower than that in 2014. The coastal sea levels of the Bohai Sea, the Yellow Sea, the East China Sea and the South China Sea dropped by 26 mm, 19 mm, 19 mm and 22 mm than those in 2014, respectively. During 1950~2015, the Sea Surface Temperature (SST) of the North Atlantic exhibited significant inter-decadal variation, which always kept increasing since the mid-1980s. The SST of the tropical Indian Ocean showed a significant upward trend. In 2015, the majority of the world's sea areas were characteristic of warmer SST. Particularly, the tropical eastern and central Pacific, eastern part of the North Pacific and some sea areas of the Arctic Ocean warmed most significantly.

During 1979~2015, the Arctic sea ice extent significantly shrank, whereas the Antarctic sea ice extent slightly expanded. The Arctic sea ice extent was reached the minimum in March 2015 and hit a record low. Sea ice condition of Bohai Sea was generally slight than normal condition. In 2014/2015 winter, the snow coverage rates of China's three major snow cover areas were higher compared with the averages in the same period since 1990. Year of 2015 was one of the years with the most dramatic mass loss of worldwide glaciers. Urumqi Glacier No.1, Tianshan Mountains showed mass equilibrium amount of −967 mm (the second lowest value since observation record was available), which was recorded as the second only to that in 2010. During 1980~2015, active layer of permafrost regions along Qinghai-Tibet Railway showed significant increase in the thickness and thickened at faster pace, which indicated significant degradation of permafrost.

During 1961~2015, the surface water resources of Songhua River, the Yangtze River, the Pearl River, southeast rivers and inland river basins of Northwest China increased on the whole, whereas the surface water resources of Liaohe River, Haihe River, the Yellow River, Huaihe River and the southwest rivers showed a decreasing trend. In 2015, China's average surface water resource was more than normal, especially in the southeast rivers, the Yangtze River and inland river basins of the Northwest China, which were 24.6%, 10.2% and 15.8% more than normal, respectively. Qinghai Lake witnessed continuously rising water level, desert area of Shiyang River basin hit the minimum level in the past 11 years, and reduction in major lakes and wetlands of Central China slowed down. Vegetation cover for most parts of China was close to normal in recent years. Pasture growing season of typical steppe zone and desert steppe zone extended in Inner Mongolia, and there was a growth in climate production potential of desert steppe zone. Autumn vegetation cover of stony desertification area took the overall upward trend in Guangxi.

During 1961~2015, the annual land surface solar radiation in China decreased. In 2015, the radiation was 45.9 kW•h/m^2 less than the normal. In 2015, Calbuco Volcano (Chile) reached the level of Red Alert. The monitoring results of Qinghai Waliguan Observatory (one of the global background stations) demonstrated that the atmospheric CO_2 concentration continued on the rise since 1990, and exceeded 397.6ppm in 2014. The CO_2 concentrations observed in the regional background stations located in Beijing's Shangdianzi and other regions exceeded 400ppm. In addition, concentrations of methane, nitrous oxide and sulfur hexafluoride all reached ceiling values since the direct observations were available. In the past five years, regional background stations in Beijing, Zhejiang and Heilongjiang reported that the annual averages of aerosol optical thickness increased, which slightly declined in 2015 compared with those in 2014. In 2015, the annual average PM2.5 concentrations observed in the background stations of Beijing-Tianjin-Hebei, the Pearl River Delta and the Yangtze River Delta were 33.6μg/m^3, 31.2μg/m^3 and 24.7 μg/m^3, respectively, which declined to some extent.

第1章 大 气

大气圈是指在地球周围聚集的一层很厚的空气层。大气为地球生命的繁衍及人类的发展提供了理想的环境,它的状态和变化时时刻刻影响到人类的活动与生存。大气的运动变化是由大气中热能的交换所引起的,热能交换使得大气的温度有升有降。空气的运动和气压系统的变化活动,使地球上海陆之间、南北之间、地面和高空之间的能量和物质不断交换,生成复杂的天气变化和气候变化系统。表征气候和气候变化的指标很多,但地表气温、降水及相关的极端气候监测指标在气候变化研究与业务中应用更加广泛。

2015 年全球表面平均温度再次打破 2014 年的纪录,成为自 1880 年以来全球最暖的一年,比第一次工业化革命前高出约 1℃。亚洲地表平均气温是 1901 年以来的第一高值;也是中国自 1951 年有完好气象记录以来最暖的年份。本章从大气圈气候变化主要监测指标出发,揭示了不同区域地表平均气温和降水、大气环流系统、基本气象要素、台风活动与极端事件等的气候变化特征。

1.1 全球表面平均温度

根据世界气象组织最新发布,2015 年全球表面平均温度突破了之前所有的记录,比 1961～1990 年平均值高出 0.76℃,第一次比工业化革命前(1880～1899年)高出约 1℃。因此,2015 年成为有气象记录以来的最暖年份(图 1.1)。同时,在有气象记录以来的 16 个最暖年份中,有 15 个最暖年份出现在 21 世纪,而 2015 年又比 2014 年显著偏暖,同时 2011～2015 年也成为有气象记录以来最暖的时期。分析表明:全球变暖趋势仍在进一步持续或加剧,升温较 2014 年峰值又高了 0.19℃。2015 年中,其 1 月、3 月、5～12 月累计 10 个月全球月表面平均温度突破历史同期记录。

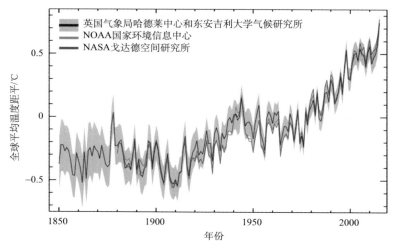

图 1.1　1850～2015 年全球表面年平均温度距平变化（相对于 1961～1990 年平均值）

（资料引自世界气象组织）

依据英国气象局哈德莱中心和东安吉利大学气候研究所的资料，从南北半球的表面平均温度变化来看，北半球的升温幅度远大于南半球。特别是 20 世纪 70 年代以来，北半球的升温速率为 0.24℃/10a，而南半球的升温速率则明显缓于北半球，为 0.11℃/10a（图 1.2）。其中，北半球地表气温增温速率为 0.32℃/10a（图 1.3（a）），高于全球地表气温的增温速率（0.27℃/10a，图 1.3（b）），且远高

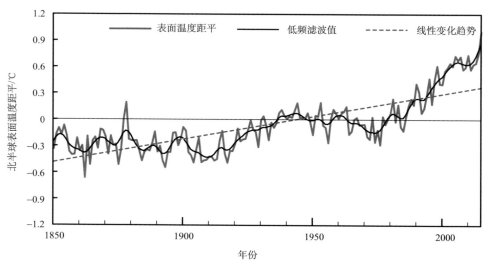

(a)

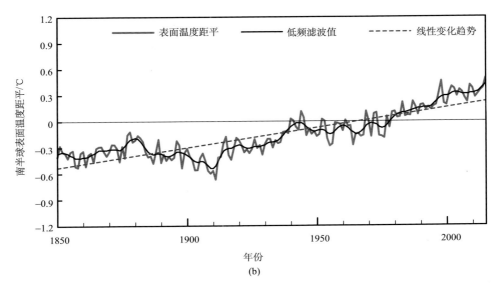

图 1.2 1850～2015 年北半球（a）和南半球（b）年平均温度距平变化（相对于 1961～1990 年平均值）

于南半球地表气温的增温速率（0.17℃/10a，图 1.3（c））。2015 年，北半球表面平均温度比 1961～1990 年的气候平均值高出 1.0℃，其中地表气温比 1961～1990 年平均值高出 1.33℃；南半球表面平均温度则比 1961～1990 年平均值高出 0.49℃，其中地表气温比 1961～1990 年平均值高出 0.74℃。

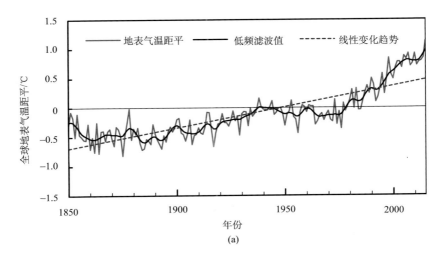

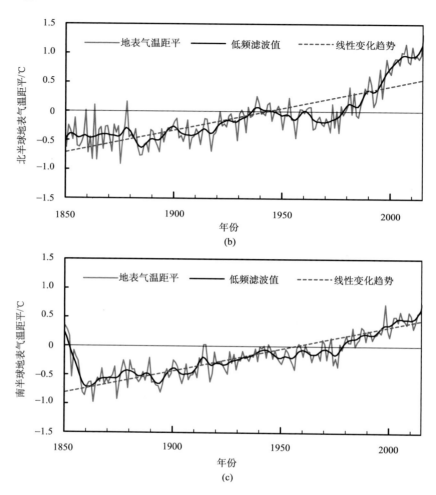

图 1.3　1850～2015 年全球（a）、北半球（b）和南半球（c）年平均地表气温距平变化
（相对于 1961～1990 年平均值）

1.2　亚洲地表平均气温

　　1901～2015 年，亚洲地表年平均气温总体上呈明显上升趋势，20 世纪 60 年代末以来，升温趋势尤其显著（图 1.4）。1901～2015 年，亚洲地表平均气温上升了 1.45℃。1961～2015 年，亚洲地表平均气温呈显著上升趋势，平均升温速率为 0.27℃/10a。1998 年以来，亚洲地表升温速率趋于平缓。2015 年

升温速率再次增大，亚洲地表平均气温比常年值偏高 1.17℃，是 1901 年以来的第一高值年份。

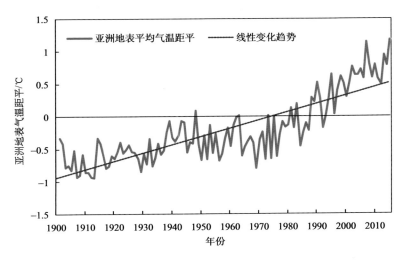

图 1.4　1901～2015 年亚洲地表年平均气温距平变化

亚洲地域范围广阔，气候类型具有多样性：东南亚热带季风气候、南亚季风气候、高原地中海气候、大陆性气候并存。全球变暖的背景下亚洲各个地区也都出现了一定程度的响应，极端天气气候事件频发。

1951～2015 年，东南亚地区的泰国在 1970 年以前气温变化相对平缓，1971年以后气温距平有明显的上升趋势，1971～2015 年升温速率为 0.32℃/10a（图 1.5（a））。南亚地区的印度在 20 世纪后半叶，特别是 1971 年以来，增温明显加快，1971～2015 年增温速率为 0.22℃/10a（图 1.5（b））。1952～2015 年，西亚的沙特阿拉伯的气温有明显的上升趋势，增温速率大约为 0.20℃/10a。特别是后期增温更加明显，1971～2015 年增温速率为 0.36℃/10a（图 1.5（c））。受大陆性气候影响，中亚的哈萨克斯坦的气温波动较为明显，但在 20 世纪后期以前，气温的上升趋势并不明显。1970 年以后才出现明显的增温趋势，1971～2015 年气温的变化率约为 0.34℃/10a（图 1.5（d））。

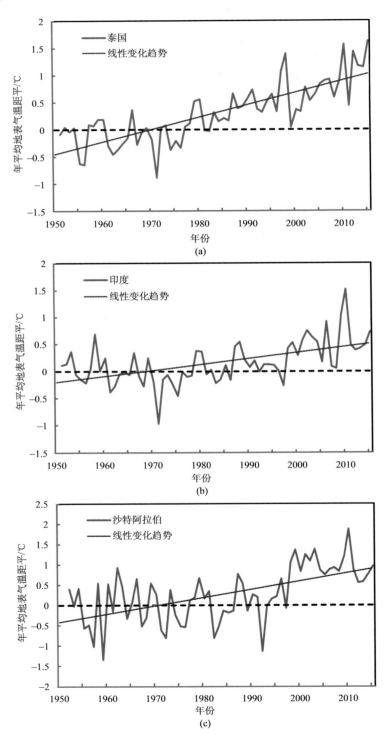

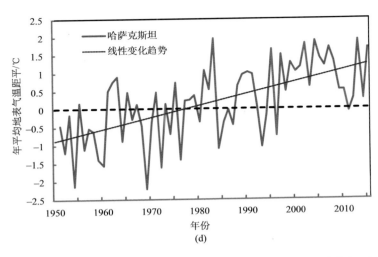

图 1.5　1951～2015 年泰国（a）、印度（b）、沙特阿拉伯（c）和哈萨克斯坦（d）年平均气温距平变化

1.3　季风环流

1.3.1　西太平洋副热带高压

西太平洋副热带高压是东亚大气环流的重要成员，其活动具有显著的年际和年代际变化特征，直接影响中国天气和气候变化。1961～2015 年，夏季西太平洋副热带高压呈现面积增大、强度增强、位置西扩的变化趋势（图 1.6）。20 世纪90 年代以来，西太平洋副热带高压总体处于强度偏强、面积偏大和西伸脊点位置偏西的年代际背景下，但近年西太平洋副热带高压强度和面积指数的年际波动幅度明显增大。2015 年夏季，西太平洋副热带高压面积偏大、强度明显偏强、西伸脊点位置偏西。

1.3.2　东亚季风

中国处于东亚季风区，天气气候受到东亚季风活动的影响。东亚冬季主要盛行偏北风气流，夏季则以偏南风气流为主。1961～2015 年，东亚夏季风强度总体上呈显著减弱趋势，并表现出强—弱—强的年代际波动特征（图 1.7（a）），20世纪 70 年代中期以前，夏季风持续偏强；70 年代中后期到 21 世纪初，夏季风在

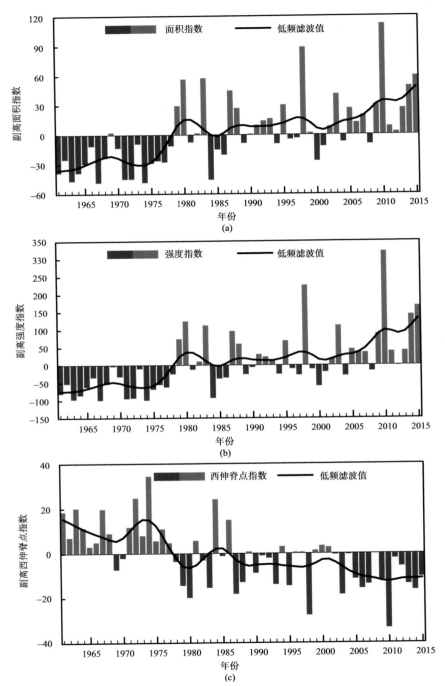

图 1.6　1961～2015 年夏季西太平洋副热带高压面积指数（a）、强度指数（b）和西伸脊点指数（c）距平变化

年代际时间尺度上总体呈现偏弱特征，之后开始增强，但在 2015 年，东亚夏季风强度指数为-2.16，强度偏弱。

1961～2015 年，东亚冬季风同样表现出显著的年代际变化特征(图 1.7(b))。20 世纪 80 年代中期以前，东亚冬季风主要表现为偏强特征；而 1987～2004 年东亚冬季风以偏弱为主；2005～2013 年冬季风偏强，但 2014 年以来冬季风再次减弱，2015 年冬季风强度指数为-0.23，强度接近正常略偏弱。

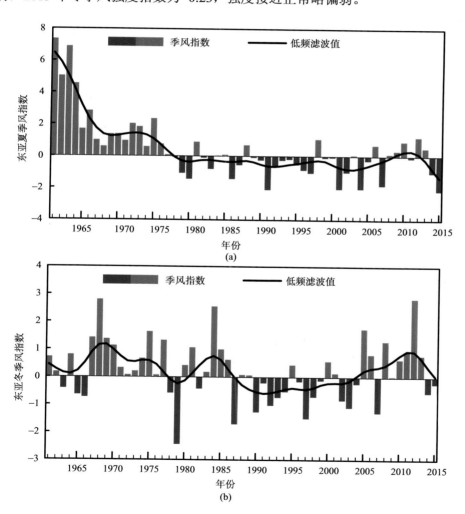

图 1.7 1961～2015 年东亚夏季风（a）和冬季风（b）指数变化

1.3.3 南亚季风

1961～2015年，南亚夏季风强度总体表现出减弱趋势，且年代际变化特征明显（图1.8）。20世纪60年代至80年代中期，南亚夏季风主要表现为偏强特征；90年代初期以来，南亚夏季风表现为偏弱特征，尤其在2006～2015年，南亚夏季风进入持续异常偏弱阶段。2015年南亚夏季风强度指数为-3.22，强度极弱，为1961年以来的最弱年。

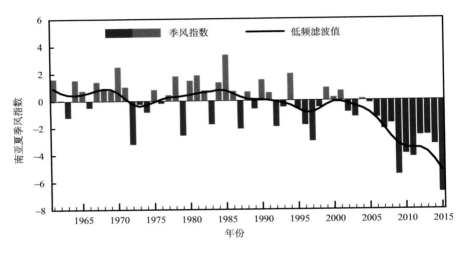

图1.8　1961～2015年南亚夏季风指数变化

1.3.4 北极涛动

北极涛动（AO）是北半球中纬度和高纬度地区气压此消彼长的一种现象，其对北半球中高纬度地区的天气和气候变化具有重要影响，尤以对冬季影响最为显著。1961～2015年，冬季北极涛动指数年代际波动特征明显（图1.9）。20世纪60年代至80年代中期，北极涛动指数总体处于负位相阶段；而80年代末至90年代中期，总体以正位相为主；90年代后期以来，总体表现出负位相特征，但年际变化率较大。2015年冬季，北极涛动指数为0.78，强度偏强。

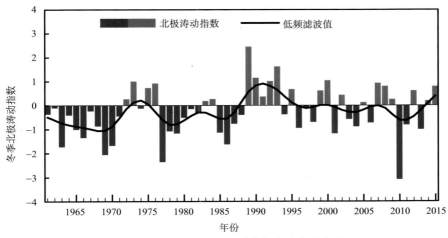

图 1.9　1961～2015 年冬季北极涛动指数变化

1.4　中国气候要素

1.4.1　地表平均气温

1951～2015 年，中国地表年平均气温呈显著上升趋势（图 1.10）。其中，1961～2015 年，中国地表年平均气温升温速率为 0.32℃/10a。20 世纪 90 年代之前中国年平均气温变化相对稳定，是一个偏冷的时期，之后呈明显上升趋势。2015 年，中国地表平均气温为 10.5℃，比常年偏高 1.3℃，是 1951 年以来最暖的年份。

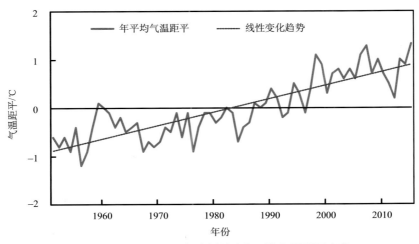

图 1.10　1951～2015 年中国地表年平均气温距平变化

1901～2015 年，北京观象台年平均气温呈显著的升高趋势，平均升温速率为 0.12℃/10a（图 1.11（a））。20 世纪 60 年代末以来，升温趋势尤其显著，20 年代和 80 年代末至今为偏暖阶段，20 世纪前 20 年和 30 年代至 70 年代为偏冷阶段。1901～2015 年，北京观象台年平均气温上升了 1.33℃，高于相同时段中国年平均气温的增温速率。2015 年，北京年平均气温为 14.1℃，较常年偏高 1.8℃，创有连续气象观测记录以来的历史新高。

1901～2015 年，上海徐家汇气象台年平均气温呈显著上升趋势，平均升温速率为 0.21℃/10a（图 1.11（b））。1901 年至 20 世纪 80 年代末以气温偏低为主，40 年代前后的暖期不明显；进入 90 年代后，年平均气温持续偏高。1916～2015 年的一百年来，徐家汇气象台年平均气温升高了 2.0℃，明显高于相同时段中国年平均气温的增温率。2015 年，徐家汇平均气温较常年偏高 1.2℃，处于持续偏暖阶段。

1909～2015 年，哈尔滨气象台年平均气温呈显著的升高趋势，平均升温速率为 0.23℃/10a（图 1.11（c））。20 世纪 80 年代末至今为偏暖阶段，40 年代以前和 50～70 年代为偏冷阶段（1943～1948 年因特殊原因缺观测数据）。1909～2015 年，哈尔滨气象台年平均气温上升了 2.42℃，高于相同时段中国年平均气温的增温速率。2015 年，哈尔滨气象台平均气温较常年偏高，为连续第 27 个偏暖年。

1908～2015 年的观测资料显示，广州气象台年平均气温平均升温速率为 0.02℃/10a，线性变化趋势并不显著，而更多的表现为年代际变化。在 20 世纪 50 年代初期以前多处于偏冷时段，50 年代初期到 80 年代初期广州偏冷更加突出，尤以 70 年代偏冷更为显著（较平均值偏冷 0.54℃）（图 1.11（d））。自 80 年代全球变暖后，广州在 80 年代中期也呈现振荡上升的趋势，90 年代后期至今升温更为显著，其中 1998～2010 年这 12 年较平均值偏暖了 0.56℃。

1885～2015 年香港天文台总部记录得到的年平均气温有上升趋势，平均升温速率为 0.12℃/10a（图 1.11（e））。20 世纪后半期，平均气温的上升速度加快。2015 年是香港有记录以来最温暖的一年，全年平均气温为 24.2℃，比常年值偏高 1.2℃。

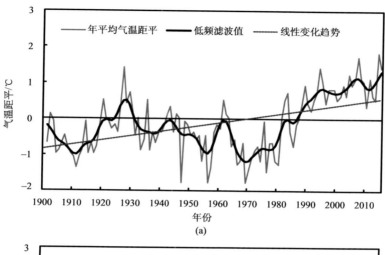

(a)

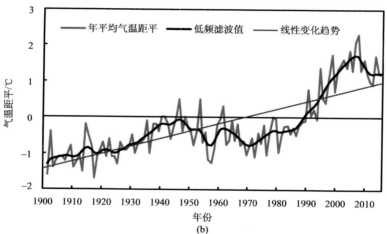

(b)

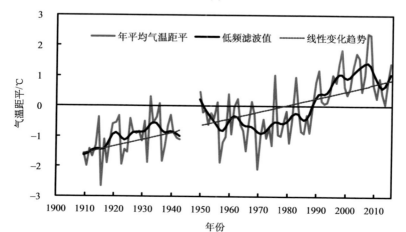

(c)

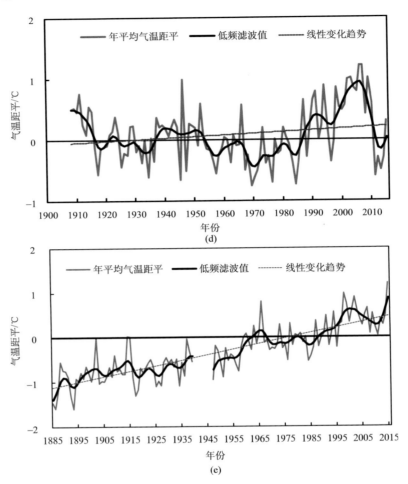

图 1.11　近百年来北京（a）、上海（b）、哈尔滨（c）、广州（d）和香港（e）地表年平均
气温距平变化

1961～2015 年，中国地表年平均最高气温呈上升趋势，平均每 10 年升高
0.26℃（图 1.12（a））。20 世纪 90 年代之前中国年平均最高气温变化相对稳定，
之后呈明显上升趋势。2015 年，中国地表年平均最高气温为 16.6℃，比常年偏高
1.0℃，是 1961 年以来第六高值年。

1961～2015 年，中国地表年平均最低气温呈显著上升趋势，平均每 10 年升
高 0.42℃（图 1.12（b）），显著高于年平均气温和年最高气温的上升速率。1987
年之前最低气温上升较缓，之后升温明显加快。2015 年，中国地表年平均最低气

温为 5.3℃，比常年偏高 1.5℃，是 1961 年以来最高值。

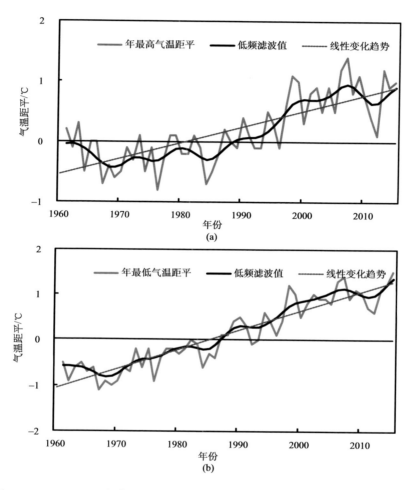

图 1.12　1961～2015 年中国地表年平均最高气温（a）和最低气温（b）距平变化

1961～2015 年，中国八大区域（华北、东北、华东、华中、华南、西南、西北和青藏地区）年平均气温均呈显著上升趋势，但区域差异明显（图 1.13）。青藏地区增温速率最大，平均每 10 年升高 0.36℃；华北、东北和西北地区次之，增温速率依次为 0.33℃/10a、0.30℃/10a 和 0.29℃/10a；华东地区平均每 10 年升高 0.23℃；华中、华南和西南地区升温相对较缓，增温速率依次为 0.17℃/10a、0.16℃/10a 和 0.15℃/10a。

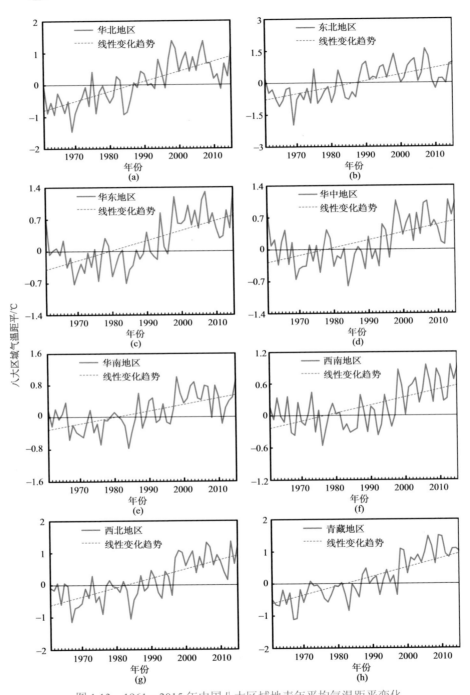

图 1.13　1961～2015 年中国八大区域地表年平均气温距平变化

（a）华北；（b）东北；（c）华东；（d）华中；（e）华南；（f）西南；（g）西北；（h）青藏

2015 年，中国大部地区气温偏高，仅新疆局部地区气温较常年略偏低（图 1.14）；中国各区域年平均气温均高于常年，华北地区平均气温为 1961 年以来的第三高值（图 1.13），尤其北京、天津、河北和山东四省（市）平均气温均突破 1961 年以来的气象观测记录。

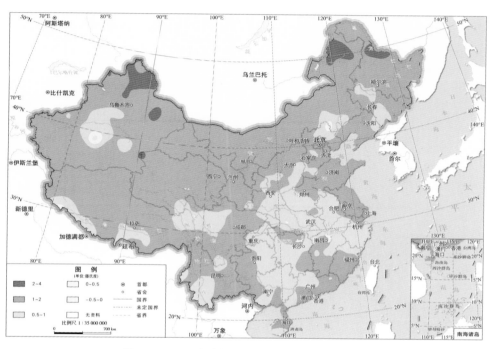

图 1.14　2015 年中国地表年平均气温距平分布

1.4.2　高空大气平均气温

探空观测资料分析显示，1961～2015 年，中国上空对流层低层（850hPa）和顶层（200hPa）年平均气温度均呈明显上升趋势，增温速率分别为 0.16℃/10a 和 0.10℃/10a；而平流层下层（100hPa）年平均气温表现为显著的下降趋势，平均每 10 年降低 0.19℃，但 20 世纪初以来，下降趋势变缓。对流层低层升温和平流层下层降温趋势与全球高层大气气温变化总体一致（图 1.15）。2015 年，中国上空平流层下层和对流层顶层气温接近正常，而对流层低层气温较常年明显偏高，偏暖程度超过 1.0℃。对流层低层变暖顶层变冷，使得对流不稳定度增加。

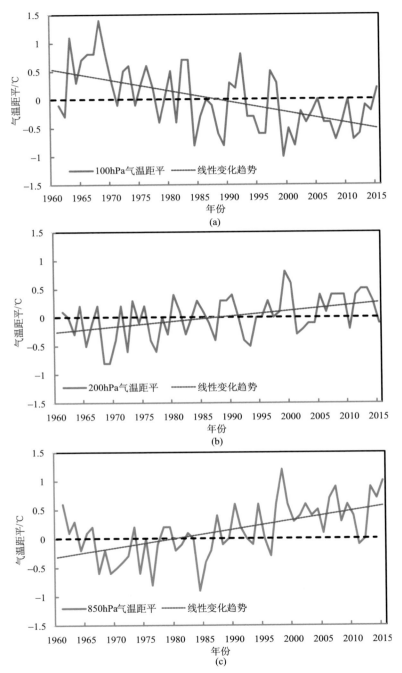

图 1.15　1961～2015 年中国高空年平均气温距平变化

（a）平流层下层（100hPa）；（b）对流层顶层（200hPa）；（c）对流层低层（850hPa）

1.4.3 平均降水量

1901～2015 年，北京观象台年降水量表现出明显的年代际变化特征，其中，20 世纪 40 年代至 50 年代降水显著偏多，20 世纪 90 年代末以来降水总体偏少。2015 年，北京观象台年降水量为 458.9 mm，较常年值偏少 19.8%。

1901～2015 年，上海徐家汇观象台年降水量呈弱的增多趋势（图 1.16（b））。20 世纪 70 年代以前，年降水量以 30～40 年的周期波动，之后呈增加趋势，且年际波动幅度较大。2015 年，上海徐家汇观象台年降水量为 1698.4 mm，较常年值偏多 42.4%。

1909～2015 年，哈尔滨气象台年降水量表现出明显的年代际变化特征（图 1.16（c）），其中 20 世纪初、20 年代末至 30 年代和 50 年代初降水偏多（1943～1948 年由于特殊原因无观测数据），60 年代和 70 年代降水偏少，80 年代和 90 年代降水偏多，21 世纪以来以降水量偏少为主。2015 年，哈尔滨气象台年降水量为 404.3 mm，较常年值偏少 22.9%。

1908～2015 年，广州的年平均降水量时间序列呈现出很大的年代际和年际变化（图 1.16（d））：20 世纪初至 40 年代末对应偏少时期，70 年代中期以后广州降水呈现波动性的上升，尤其是 90 年代中期以后增加较为明显。近百年总体略有上升趋势，但不显著。2015 年，广州气象台年降水量为 2471 mm，较常年值偏多 42%。

1885～2015 年，香港天文台总部记录显示香港年降水量有上升趋势，平均上升速度为每 10 年 20.2mm（图 1.16（e））。年降水量趋势远较年际变化的幅度小。2015 年，香港天文台年降水量为 1874.5mm，较常年值偏少 21.3%。

1951～2015 年，中国平均年降水量无明显的增减趋势，但年际变化明显（图 1.17）。1998 年、1973 年和 2010 年是排名前三位的降水高值年，2011 年、1986 年和 2009 年是排名前三位的降水低值年。2015 年，中国平均降水量为 649.1mm，较常年偏多 19.9mm。从空间分布来看，与常年相比，长江中下游大部及广西、新疆等地降水量偏多，西南西部及海南、辽宁等地降水量偏少（图 1.18）。

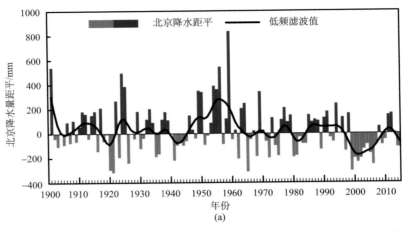

(a)

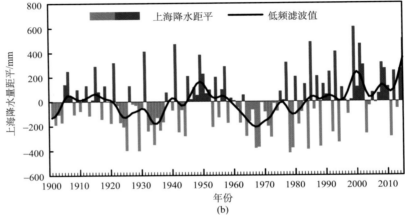

(b)

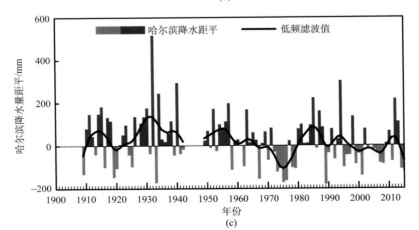

(c)

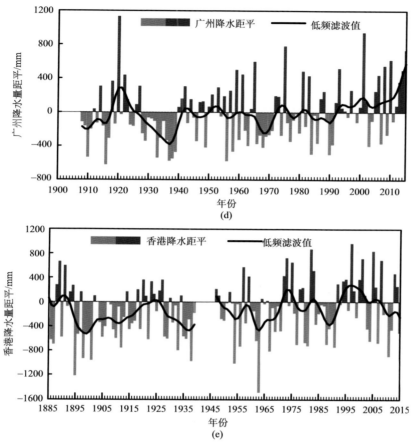

图 1.16 近百年来北京（a）、上海（b）、哈尔滨（c）、广州（d）和香港（e）年降水量距平变化

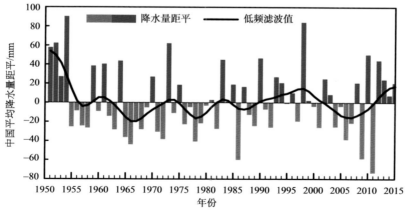

图 1.17 1951～2015 年中国平均年降水量距平变化

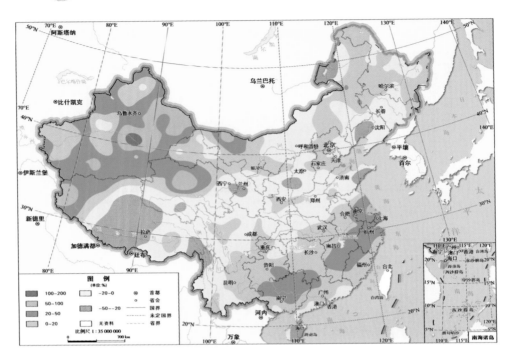

图 1.18　2015 年中国年降水量距平比例空间分布

　　1961～2015 年，中国八大区域平均年降水量变化趋势差异显著（图 1.19）。其中，华东、华中和华南地区 2015 年降水量偏多，而青藏地区 2015 年降水量偏少，其他地区降水量基本接近常年。从长期变化来看，东北、华北、华中、华南和西北地区年降水量变化均相对稳定，没有明显趋势，但表现出较大的年际变化。青藏地区年降水量呈现比较明显的增加趋势，而西南地区呈明显的下降趋势。

　　1961～2015 年，中国年平均雨日呈显著减少趋势，平均每 10 年减小 2 天（图 1.20（a））。2015 年，中国年平均雨日为 102 天，略少于常年。

　　1961～2015 年，中国年累计暴雨站日数呈显著增加趋势（图 1.20（b）），每 10 年增加 4.2%。2015 年，中国年累计暴雨站日数为 6799 站日，比常年偏多 16.3%，累计偏多 954 个暴雨站日。

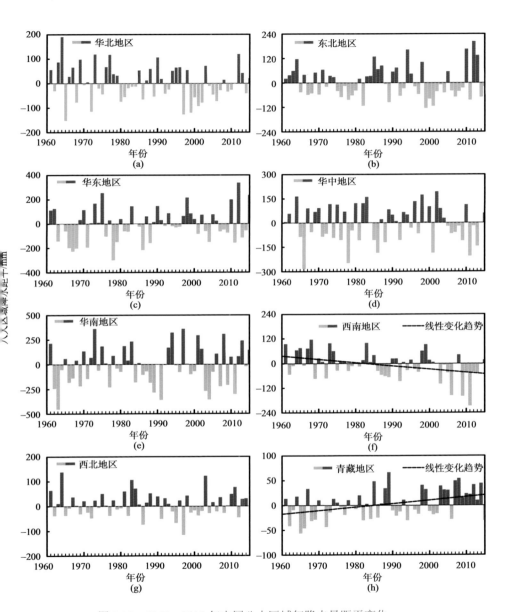

图 1.19 1961～2015 年中国八大区域年降水量距平变化

（a）华北；（b）东北；（c）华东；（d）华中；（e）华南；（f）西南；（g）西北；（h）青藏

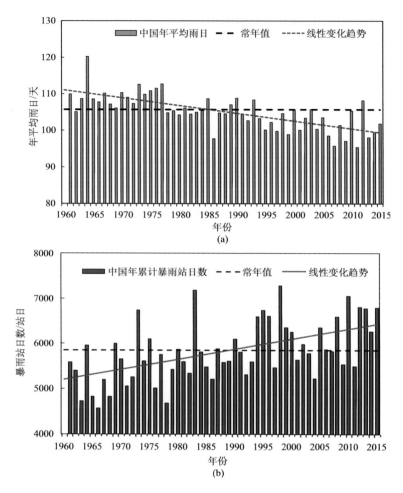

图 1.20　1961～2015 年中国年平均雨日（a）和年累计暴雨站日数（b）变化

1.4.4　其他要素

（1）相对湿度

1961～2015 年，年平均相对湿度总体无显著增减趋势，但阶段性变化特征比较明显：1965～1986 年以偏低为主，1987～2003 年以偏高为主，2004 年以来又转为以偏低为主。2015 年年平均相对湿度略高于常年值（图 1.21）。

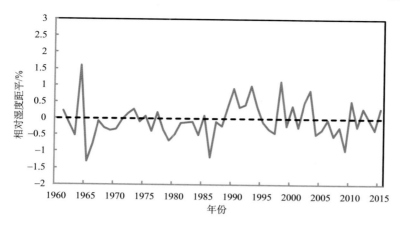

图 1.21　1961~2015 年中国年平均相对湿度距平变化

（2）云量

1961~2015 年，年平均白天总云量总体呈现下降趋势，平均递减率为−0.03成/10a。但在 20 世纪 90 年代中期以后呈现波动中上升的趋势。2015 年年平均总云量偏多 0.27 成（图 1.22）。

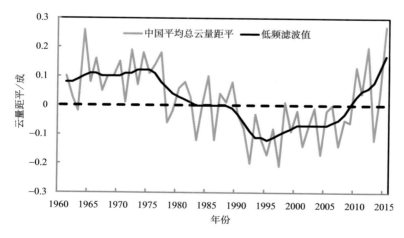

图 1.22　1961~2015 年中国年平均白天总云量距平变化

（3）风速

1961~2015 年，中国平均风速呈显著减小趋势，平均每 10 年减少 0.13m/s。20 世纪 60 年代至 80 年代中期为持续正距平，之后转为负距平；90 年代中期之后，减小趋势变缓。2015 年，中国平均风速远低于常年值，风速距平为–0.4m/s（图 1.23）。

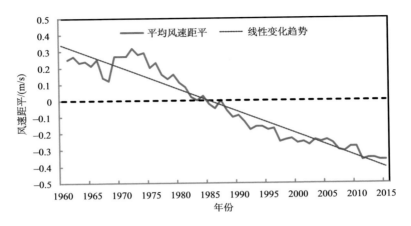

图 1.23　1961～2015 年中国年平均风速距平变化

（4）日照时数

1961～2015 年，中国平均年日照时数呈显著减少趋势（图 1.24），减少速率为 33.8h/10a。2015 年，中国平均年日照时数为 2283h，较常年偏少 166h。

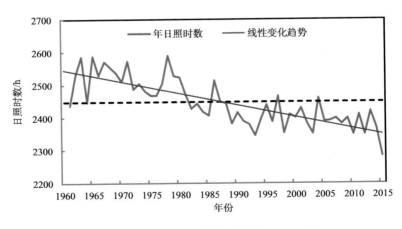

图 1.24　1961～2015 年中国平均年日照时数变化

（5）积温

1961～2015 年，中国平均≥10℃的年活动积温总体呈显著的增加趋势，平均增加速率为 51.4℃·d/10a（图 1.25）。1997 年以来，中国平均≥10℃的年活动积温连续 18 年偏多。2015 年，中国平均≥10℃的年活动积温为 4794.8℃·d，比常年偏多 156.3℃·d，但较 2014 年偏少 72.0℃·d。

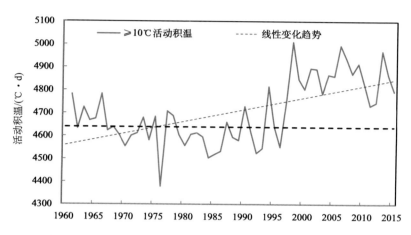

图 1.25　1961～2015 年中国平均≥10℃的年活动积温距平分布

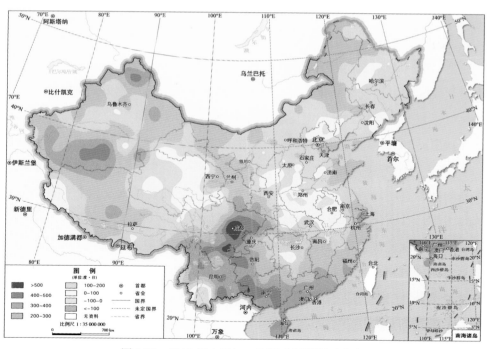

图 1.26　2015 年中国≥10℃活动积温距平分布

2015 年，中国主要农作物生长季内光、温、水匹配较好，大部地区≥10℃活动积温较常年偏多 100～500℃·d，局部地区偏多 500℃·d 以上（图 1.26），除华北及辽宁、云南等地出现阶段性干旱以及南方部分地区遭受暴雨洪涝和低温阴雨寡照等灾害，农作物生长发育受到一定影响外，全国大部农区气象条件总体有利于作物生长发育和产量形成。

1.5　天气气候事件

1.5.1　雷暴

雷暴是一种产生闪电及雷声的对流性天气现象，通常伴随着短时强降水或冰雹。雷暴的发生与大气层结不稳定、必要的水汽条件和抬升条件密切相关。中国雷暴发生的概率分布具有明显的地理和日变化差异，时间上主要发生在暖季（4～9 月），空间上主要分布在青藏高原东部、云南中南部、四川境内、华南两广地区、长江中下游等地，各区域雷暴日数存在显著的年际变化特征和线性趋势。2015 年中国雷暴集中于长江以南地区，华南地区最为频繁，全年雷暴日数达到 80 天之多。图 1.27 给出了中国东部地区南/北亚热带湿润区（以香港/上海为代表站）、暖温带半湿润区（以北京为代表站）、中温带半湿润区（以哈尔滨为代表站）等不同气候区划雷暴气候变化特征。由于中国气象局雷暴观测方式变化的原因，2014 年后雷暴日数由云地闪电反演资料获取。

1961～2015 年北京南郊观象台（图 1.27（a））和上海徐家汇观测站（图 1.27（b））观测到的每年雷暴日数有下降趋势。哈尔滨气象台观测到的每年雷暴日数没有明显的变化趋势（图 1.27（c））。而香港天文台总部观测到的每年雷暴日数有上升趋势，平均每 10 年增加 1.9 天（图 1.27 天）。2015 年，北京观象台观测到的雷暴日数共 40 天，比常年值偏多 4.8 天。上海徐家汇观测站观测到的雷暴日数共 35 天，比常年值偏多 9.2 天。香港天文台观测到的雷暴日数共 37 天，接近常年值。哈尔滨气象台观测到的雷暴日数共 39 天，比常年值偏多 5.6 天。

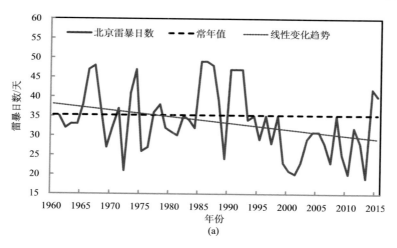

(a)

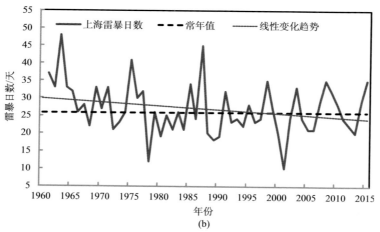

(b)

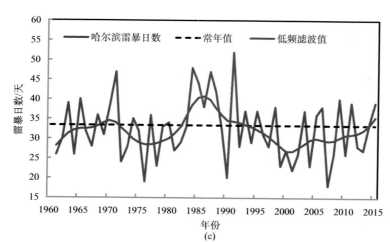

(c)

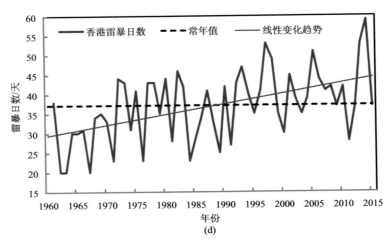

图 1.27　1961～2015 年北京（a）、上海（b）、哈尔滨（c）和香港（d）雷暴日数变化

1.5.2　沙尘暴

1961～2015 年中国北方平均沙尘（扬沙以上）日数呈明显减少趋势，平均每 10 年减少 3.6 天。自 1985 年以来，中国北方进入沙尘偏少的年代际背景下。2015 年，中国北方平均沙尘日数为 4.5 天，较常年偏少 9.9 天（图 1.28）。

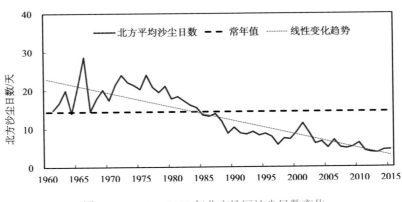

图 1.28　1961～2015 年北方地区沙尘日数变化

1.5.3　霾与大气环境容量

1961～2015 年，中国 100°E 以东地区平均年霾日数总体呈显著的增加趋势，

且表现出不同年代际变化特征：20 世纪 60 年代至 70 年代中期，年霾日数较常年偏少；70 年代后期至 90 年代，接近常年；21 世纪以来，年霾日数显著增多。2015年中国 100°E 以东地区平均霾日数为 27.5 天，比常年偏多 19.6 天，为 1961 年以来第三多，仅次于 2013 年和 2014 年（图 1.29）

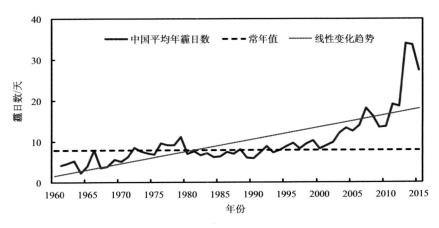

图 1.29 1961～2015 年中国 100° E 以东地区平均年霾日数变化

1961～2015 年的监测表明，中国 100°E 以东地区年平均大气环境容量总体呈下降趋势，平均每 10 年下降 3%，1998 年以后的年平均大气环境容量均低于常年值。全国大气污染防控重点地区的京津冀、长三角和珠三角地区年平均大气环境容量呈下降趋势，容易导致重污染天气的低容量日数（大气环境容量值低于 $14 \times 10^3 kg / (d \cdot km^2)$）呈上升趋势。1961～2015 年，京津冀和长三角地区年平均大气环境容量和低容量日数变化规律基本一致，大气环境容量平均每 10 年下降 3%，低容量日数平均每 10 年增加 6%；珠三角地区 2000 年以前大气环境容量和低容量日数变化不明显，2000～2015 年大气环境容量平均每 10 年下降 6%，低容量日数平均每年增加 4%（图 1.30）。

2015 年中国 100°E 以东地区年平均大气环境容量与近 10 年（2005～2014 年）平均状况持平，较 2014 年增加 2%；平均低容量日数较近 10 年平均状况偏少 8%，较 2014 年偏少 5%。

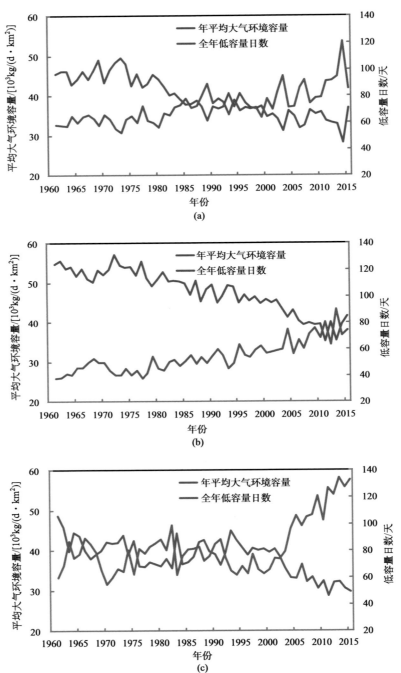

图 1.30　京津冀（a）、长三角（b）、珠三角（c）地区年平均大气环境容量和低容量日数
长期变化

1.5.4　台风

1949～2015 年，西北太平洋和南海生成的台风（中心风力≥8 级）个数呈减少的变化趋势，同时表现出明显的年代际特征，1995 年以来处于台风活动个次偏少的年代际背景下，2015 年台风生成个数为 27 个，与常年值（27.1 个）持平（图 1.31）。

1949～2015 年，登陆中国的台风（中心风力≥8 级）个数变化趋势不明显，略微呈增加的变化趋势，但年际变化大，最多年有 12 个（1971 年），最少年仅有 3 个（1950 年、1951 年）；登陆比例呈增加趋势，尤其是 2000～2010 年最为明显，2010 年的台风登陆比例最高，达 50%，近几年有略微呈下降的趋势。2015 年登陆中国的台风有 6 个，登陆比例为 22.2%，较常年值（26%）偏低（图 1.32）。

1949～2015 年，登陆中国的台风（中心风力≥8 级）年平均强度（以台风中心最大风速来表征）历年变化略微呈增加的变化趋势，尤其是近 10 年最为明显（图 1.33）。2015 年登陆台风年平均强度为 1949 年以来最大，达 39.6m/s。

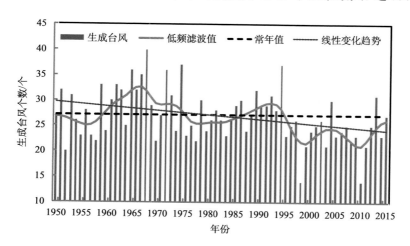

图 1.31　1949～2015 年西北太平洋和南海生成台风频次变化

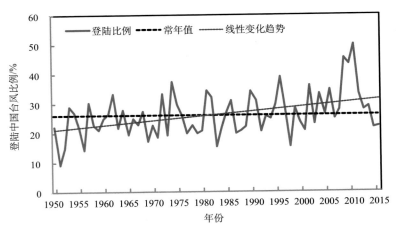

图 1.32　1949～2015 年登陆中国台风频次变化

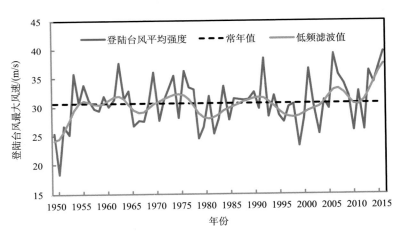

图 1.33　1949～2015 年登陆中国台风年平均强度变化

1.5.5　极端事件

1961～2015 年，中国单站极端强降水事件呈弱的增加趋势，极端低温事件显著减少，极端高温事件在 20 世纪 90 年代以来明显增加。

（1）单站极端气候事件

1961～2015 年，中国暖昼日数呈显著的增加趋势，平均每 10 年增加 5.3 天，尤其在 20 世纪 90 年代以后增加尤为明显。2015 年，中国暖昼日数 62 天，较常年值（34 天）偏多 28 天（图 1.34（a））。

1961～2015 年，中国冷夜日数呈显著的减少趋势，平均每 10 年减少 7.8 天。
2015 年，中国冷夜日数 16 天，较常年值（35 天）偏少 19 天（图 1.34（b））。

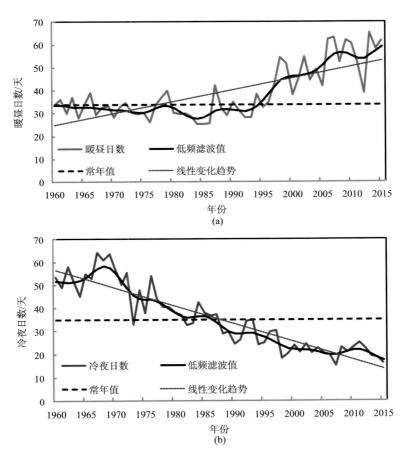

图 1.34　1961～2015 年中国暖昼（a）和冷夜（b）日数变化

1961～2015 年，中国单站极端高温事件发生频次的年代际变化特征明显，20
世纪 90 年代末以来明显偏高。2015 年，中国共发生极端高温事件 442 站日，较
常年值（157 站日）偏多 285 站日；其中，74 站日的日最高气温达到或突破历史
极大值（图 1.35（a））。

1961～2015 年，中国单站极端低温事件的发生频次呈显著减少趋势，平均每

10 年减少 275 站日。2015 年，中国共发生极端低温事件 28 站日，较常年值（520 站日）大幅偏少 492 站日；其中，2 站日的日最低气温达到或突破历史极小值（图 1.35（b））。

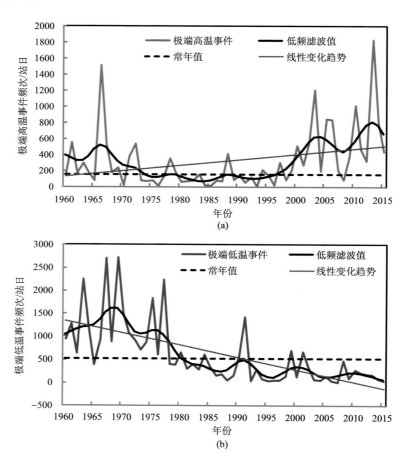

图 1.35 1961～2015 年中国单站极端高温（a）和极端低温（b）事件频次变化

1961～2015 年，中国单站极端强降水事件的频次呈弱的增加趋势。2015 年，中国共发生极端日降水量事件 255 站日，与常年值（220 站日）基本持平；其中，40 站日的日降水量达到或突破历史极大值（图 1.36）。

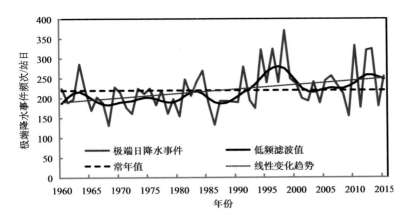

图 1.36　1961～2015 年中国单站极端强降水事件频次变化

（2）区域性气象干旱事件

1961～2015 年，中国共发生了 170 次区域性气象干旱事件，其中极端干旱事件 16 次，严重干旱事件 35 次，中度干旱事件 68 次，轻度干旱事件 51 次。1961年以来，区域性干旱事件次数呈微弱上升趋势（图 1.37），并且具有明显的年代际变化：20 世纪 90 年代干旱事件偏少，进入 21 世纪后则明显偏多。

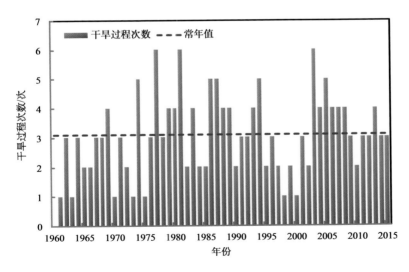

图 1.37　1961～2015 年中国区域性气象干旱事件频次变化

2015 年中国共发生 3 次区域性干旱事件，其中 1 次达到严重干旱等级，2 次达到中等干旱等级（表 1.1）。2015 年 7 月上旬至 9 月下旬，中国北方出现夏季伏旱。华北西部、西北地区东部及内蒙古中部、辽宁中西部等地降水量普遍不足200mm，较常年同期偏少 20%～50%，其中辽宁中部部分地区偏少 50%～80%。降水偏少导致华北西部、西北东部及内蒙古中部、辽宁中西部等地出现气象干旱；2014 年 11 月至 2015 年 3 月，华北及内蒙古中部出现春旱。华北大部及内蒙古中部和西部地区降水量较常年同期普遍偏少 20%～50%，其中华北北部和西部及内蒙古中部偏少 50%以上；气温比常年同期偏高 1～2℃，上述地区气象干旱迅速发展；2015 年 5～7 月，云南中西部发生春夏连旱。云南中西部降水量较常年同期偏少 20%～50%，云南省平均降水量 362.8mm，较常年同期偏少 28.5%，为 1951年以来历史同期最少。长时间少雨导致干旱持续并发展，云南西部普遍出现重度以上气象干旱。

表 1.1   2015 年中国主要干旱事件简表

干旱事件	等级	时段	中旱以上影响面积 / 10⁴km²	不利影响	经济损失 /亿元
华北西部、西北东部及辽宁等地夏秋旱	严重	2015 年 7 月上旬至 9 月下旬	90.7	玉米、马铃薯等作物生长发育受到严重影响，湖泊、水库蓄水不足	320.4
华北及内蒙古中部春旱	中等	2014 年 11 月至 2015 年 3 月	55.6	对华北地区冬小麦生长发育造成不利影响	5.18
云南中西部春夏连旱	中等	2015 年 5 月至 7 月	3.9	玉米、荞麦等作物受灾，部分地区水源干涸，人畜饮水出现困难	22.6

第2章 海 洋

　　海洋覆盖地球大约 70%的表面积，是大气主要的热源和水汽源地。同时，海洋能吸收 90%以上人类活动制造的热量。海洋通过表层环流和表层加热、蒸发、降水等海-气相互作用过程与大气进行动量、热量和水汽交换，从而影响气候变化。中国处于太平洋、印度洋和亚洲大陆的交汇区，境内又有渤海、黄海、东海和南海四大近海。海洋的异常变化及其与大气之间的能量传输和交换是引起中国区域气候变化的主要推动力之一。厄尔尼诺现象作为行星尺度上的海-气相互作用的突出表现，不仅对大气环流和气候产生显著的影响，而且对全球和区域的生态和经济都有重要的影响。海洋表面温度平均每升高 1℃，就会使海洋上空的大气温度升高 6℃。

　　2015 年，超强厄尔尼诺事件在秋冬季发展成熟，并达到峰值。全球多数海域的海表温度都呈现偏高的特征，尤其热带中东太平洋、北太平洋东部，以及北冰洋部分海域偏暖最为显著。中国近海各海域的海平面继续呈现偏高趋势，全球海洋热含量也显著升高。

2.1　全球海表温度

　　全球海表平均温度距平的年变化表现出显著的线性上升趋势和年代际变化特征。20 世纪 40 年代中期之前海温明显偏冷，而 80 年代之后海温偏暖趋势显著，这期间为海温由冷转暖的转折期，但仍以偏冷为主（图 2.1）。2015 年，全球海表平均温度 16.8℃，比 1961～1990 年的平均值（16.4℃）偏高 0.4℃，也是 1870 年以来的最高值。1870 年以来最暖的五年分别是 2015 年、2014 年、1998 年、2010 年和 2009 年。

　　2015 年，全球大部分海区海表温度偏高，尤其北半球各海域海温偏高更为明显，而南半球 50°S 以南海温以偏低为主。受超强厄尔尼诺事件影响，热带中东

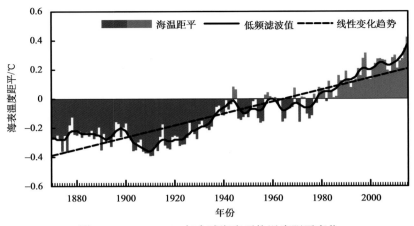

图 2.1　1870～2015 年全球海表平均温度距平变化

太平洋大部海域海温偏高 0.5℃以上，其中靠近赤道附近海温偏高超过 1.5℃；北
太平洋除中部局部海温略偏低外，整体呈现东部较西部偏暖更明显的特征，东部
大部海域海温偏高 0.5℃以上，其中靠近北美西海岸局部海温偏高超过 2.0℃；印
度洋大部、中国近海海温偏高 0.5～1.0℃；北大西洋除北部海温偏低 0.5℃以上外，
其余大部海域海温偏高 0.5℃以上，其中北美东海岸局部海温偏高超过 1.5℃；北
冰洋大部海温偏高 0.5℃以上，尤其东西伯利亚海至加拿大海盆部分海域海温偏
高超过 2.0℃（图 2.2）。

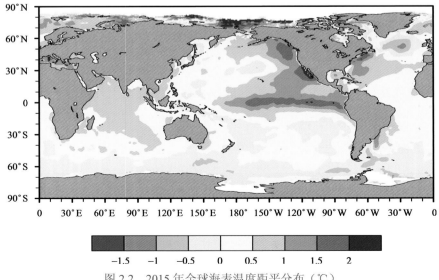

图 2.2　2015 年全球海表温度距平分布（℃）

2.2 关键区海表温度

1950～2015 年，赤道中东太平洋 Nino3.4 海区（5°S～5°N，120°W～170°W）海表温度主要表现为年际变化特征。根据国家气候中心厄尔尼诺-拉尼娜事件监测标准，1950～2015 年，赤道中东太平洋累计出现三次超强厄尔尼诺事件，分别为 1982/1983 年、1997/1998 年和目前正在持续的 2015/2016 年厄尔尼诺事件（图 2.3）。2015/2016 年超强厄尔尼诺事件峰值出现在 2015 年 11 月，达 2.9℃。

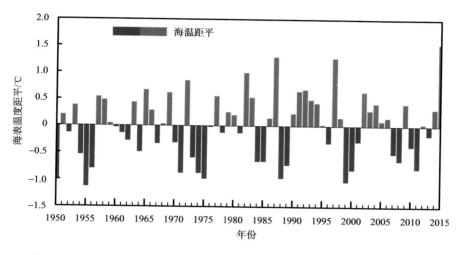

图 2.3 1950～2015 年赤道中东太平洋 Nino3.4 海区海表年平均温度距平变化

太平洋年代际振荡（PDO）是一种年代际时间尺度上的气候变率强信号，具有多重时间尺度，主要表现为准 20 年周期和准 50 年周期。1947～1976 年，PDO处于冷位相期；1925～1946 年和 1977～1998 年为暖位相期；20 世纪 90 年代末，PDO 再次转为冷位相期。2014 年和 2015 年，PDO 指数转为正值，分别达到 1.13和 1.63（图 2.4）。从低频变化趋势可以发现，太平洋年代际振荡位相于 2014 年发生转变，由前期的负指数转为显著的正指数。这种转变是年际变化还是年代际转折信号，还有待通过观察作进一步辨识。

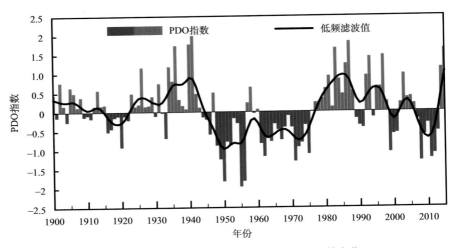

图 2.4　1900～2015 年太平洋年代际振荡指数变化

　　1950～2015 年，热带印度洋（20°S～20°N，40°E～110°E）海表温度呈现显著上升趋势。20 世纪 50～70 年代，热带印度洋海表温度较常年持续偏低，之后以偏高为主。2015 年，热带印度洋平均海温距平为 0.57℃，较 2014 年偏高 0.21℃，也是 1950 年以来最高值（图 2.5（a））。热带印度洋偶极子（IOD）是热带西印度洋（10°S～10°N，50°E～70°E）与东南印度洋（10°S～0°，90°E～110°E）海温距平跷跷板式的反向变化，常用前者减去后者定义为热带印度洋偶极子指数。这一海温模态通常在夏季开始发展，秋季达到峰值，冬季很快衰减，因此也是热带印度洋秋季海温距平最主要模态。2015 年，热带印度洋偶极子秋季指数为 0.60℃（图 2.5（b））。

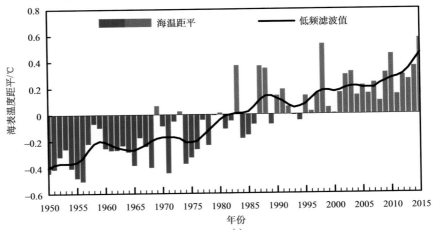

(a)

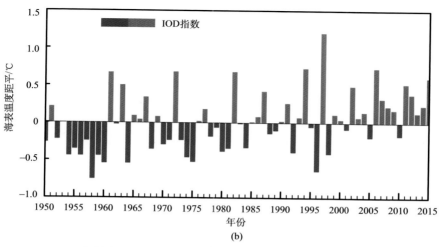

图 2.5　1950～2015 年热带印度洋海表年平均温度距平变化（a）和秋季（9～11 月）平均热带
印度洋偶极子指数变化（b）

北大西洋年代际振荡（AMO）是发生在北大西洋区域海盆空间尺度的、多年代时间尺度的海温自然变率，振荡周期为 65～80 年。1950～2015 年，北大西洋（0°～60°N，0°～80°W）海表温度总体呈显著上升趋势，并表现出明显的年代际变化特征：20 世纪 50 年代海表温度总体偏高，60～70 年代海表温度以偏低为主，80 年代中期以来北大西洋海表温度持续偏高。2015 年，北大西洋平均海温距平为 0.37℃，较 2014 年略偏低 0.02℃（图 2.6）。

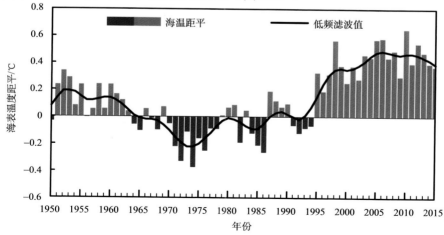

图 2.6　1950～2015 年北大西洋海表年平均温度距平变化

2.3 全球海洋热含量

近年来，地转海洋学实时观测阵（Argo）浮标资料的出现极大地丰富了海洋观测资料。Argo 浮标可以快速、准确、大范围地收集上层海洋温度、盐度剖面和漂移轨迹资料。它不仅能够直接观测海洋表层而且能够观测次表层的数据。海洋热含量变化分析发现，2001 年以来，0～1500m 全球海洋热含量都在不断增大，并且增大的深度主要发生在 0～300m 和 700～1500m。0～1500m 全球海洋热含量的不断增大都主要发生在南大洋、大西洋和印度洋。并且，南大洋 0~1500m 深度热含量都在增大，大西洋热含量增大主要发生在 300m 以下深度，而印度洋热含量增大主要在 0～300m 深度。太平洋 300～700m 热含量呈减小趋势，其他深

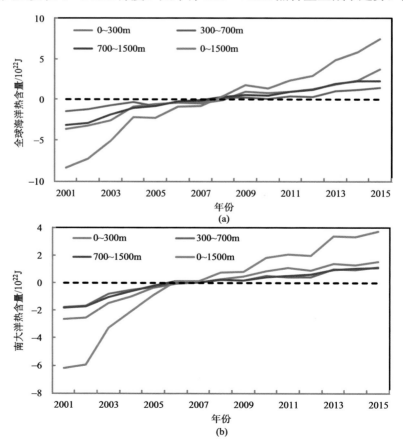

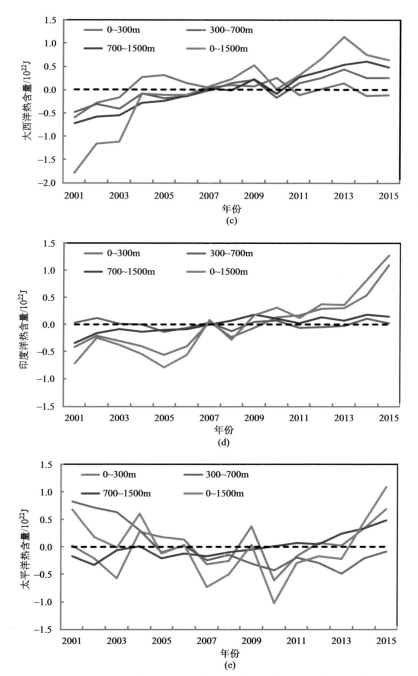

图 2.7 2001～2015 年经纬度积分各深度层年平均热含量异常随时间的变化曲线图

（a）全球海洋；（b）南大洋；（c）大西洋；（d）印度洋；（e）太平洋

度变化趋势不明显。此外，印度洋和太平洋 0～1500m 热含量变化都主要受上层 0～300m 热含量的影响。2015 年全球平均海洋热含量出现新高（图 2.7）。

2.4 海平面状况

在全球气候变暖背景下，海平面变化的速率、机制、影响，以及不同地理位置之间的区别是海平面变化研究领域的核心问题。全球平均海平面上升是由气候变暖导致的海洋热膨胀、冰川冰盖融化、陆地水储量变化等因素造成的，不同时段的海平面上升速率不同，各因子的贡献率也有变化。政府间气候变化专门委员会（IPCC）第五次评估报告对 1993～2010 年海平面上升速率的分析结果显示，海洋热容量膨胀贡献占 34%，冰川融化（不含南极冰川）贡献占 27%，陆地水储量变化的贡献占 12%，其他因素的贡献约占 27%。

据国家海洋局《2015 年中国海平面公报》，1980～2015 年，中国沿海海平面变化总体呈波动上升趋势，平均上升速率为 3.0mm/a，高于全球平均水平。2015 年，中国沿海海平面较 1975～1993 年平均值高 90mm，但较 2014 年下降了 21mm，为 1980 年以来第四高位（图 2.8）。近 10 年间（2006～2015 年），中国沿海平均海平面较前两个 10 年（1996～2005 年和 1986～1995 年）分别上升了 32mm 和 66mm。

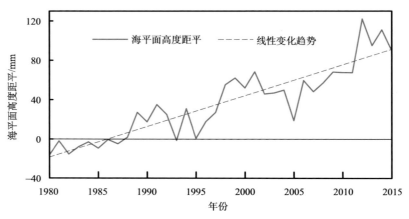

图 2.8　中国沿海海平面变化（相对于 1975～1993 年平均值）

（资料引自国家海洋局《2015 年中国海平面公报》）

2015 年,中国沿海各海区海平面变化明显。渤海、黄海、东海和南海沿海海区海平面较 1975~1993 年的平均值分别偏高 94mm、91mm、96mm 和 82mm,但较 2014 年分别下降了 26mm、19mm、19mm 和 22mm。

香港维多利亚港验潮站监测表明,1954~2015 年,维多利亚港年平均海平面呈显著的上升趋势,平均每 10 年上升 29.6mm。海平面高度于 1990~1999 年急速上升后缓慢回落。2015 年,维多利亚港海平面高度为 1.45m,较 1975~1993 年的平均值偏高 160mm(图 2.9)。

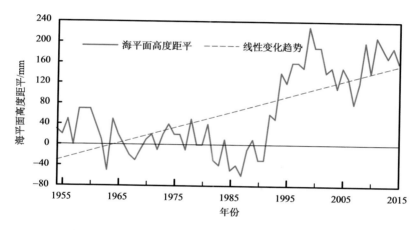

图 2.9 1954~2015 年香港维多利亚港年平均海平面高度变化(相对于 1975~1993 年平均值)

第3章 冰 雪

地球表层系统中，冰雪圈（又称冰冻圈）内的水体处于自然冻结状态，它是由在一定低温条件下固态水冰川、冰盖、积雪、海冰、河湖冰等，以及地下冰掺杂的多年冻土、季节冻土等组成的特殊圈层。冰冻圈以高反照率、高冷储、巨大相变潜热、强大的冷水大洋驱动，以及显著的温室气体源汇作用而对全球和区域气候系统施加着强烈的反馈作用，是气候系统五大圈层之一。冰冻圈变化不仅对自然生态系统产生影响，其消退严重威胁到干旱和半干旱区的水资源。北冰洋夏季海冰范围消退将影响到北半球中高纬天气与气候，从而影响北极地区的航行与海运格局。

作为区域冰冻圈最为发育的地区之一，中国及周边地区冰冻圈与中国气候、环境、水资源，以及防灾减灾等可持续发展问题息息相关。本章从中国积雪、山地冰川、高原冻土、中国区域海冰及南极和北极海冰的监测出发，揭示了冰冻圈气候变化观测事实，对综合分析冰冻圈主要成员变化的强度、模式和速率及其影响具有重要意义。

3.1 海冰

3.1.1 北极海冰

北极海冰范围（海冰密集度≥15%的区域）通常在 3 月和 9 月分别达到其最大值和最小值。1979~2015 年，北极海冰范围呈显著下降趋势，3 月和 9 月海冰范围的线性趋势分别为平均每 10 年减少 $0.41 \times 10^6 km^2$（图 3.1（a））和 $0.87 \times 10^6 km^2$（图 3.1（b））。2015 年 3 月，北极海冰范围达到了有卫星观测记录以来的最低值 $14.39 \times 10^6 km^2$，比 2014 年 3 月减少了 $0.44 \times 10^6 km^2$；9 月海冰范围为 $4.63 \times 10^6 km^2$，比 2012 年 9 月（有卫星观测记录以来的最小值）增加 $1.01 \times 10^6 km^2$，但比 2014 年 9 月减少 $0.6 \times 10^6 km^2$。

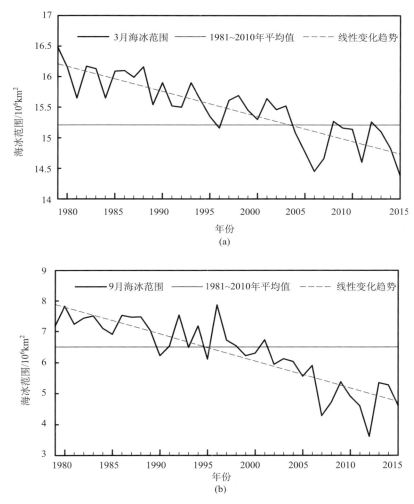

图 3.1　1979～2015 年 3 月（a）和 9 月（b）北极海冰范围的年际变化

3.1.2　南极海冰

与北极地区不同，南极海冰范围通常在 9 月和 3 月分别达到其最大值和最小值。1979～2015 年，南极海冰范围呈显著上升趋势，9 月和 3 月海冰范围的线性趋势为平均每 10 年增加 $0.21×10^6km^2$（图 3.2（a））和 $0.23×10^6km^2$（图 3.2（b））。2015 年 9 月，南极海冰范围为 $18.69×10^6km^2$，比 2014 年 9 月海冰范围

（20.03×10^{6}km^2，有卫星观测记录以来的最大值）减少 1.41×10^{6}km^2。

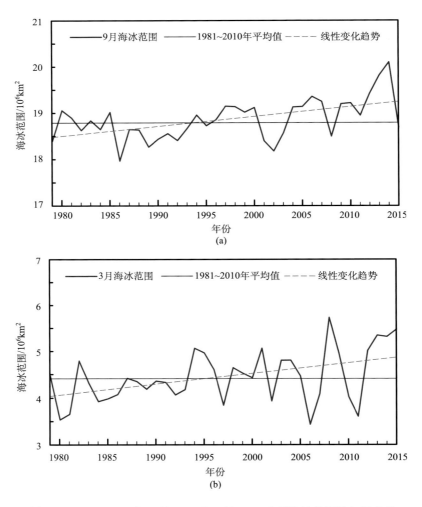

图 3.2　1979～2015 年 9 月（a）和 3 月（b）南极海冰范围的年际变化

3.1.3　渤海海冰

中国海冰主要发育在渤海，是全球纬度最低的结冰海域。海冰冰情演变一般分为初冰期、发展期（严重冰期）和融退期（终冰期）三个阶段。

卫星监测结果显示，2014/2015 年冬季，渤海海冰生成于 2014 年 12 月上旬，融退于 2015 年 2 月中旬（图 3.3）；冰情总体上较常年偏轻，渤海湾、莱州湾未出现明显海冰，海冰融退期结束时间也早于常年。2014/2015 年冬季，渤海全海域最大海冰范围 $7.8 \times 10^3 \text{km}^2$，出现在 2015 年 1 月底（图 3.4），较 1994～2014 年同期平均值偏小 50%，并小于 2013/2014 年冬季最大海冰范围（图 3.3）。

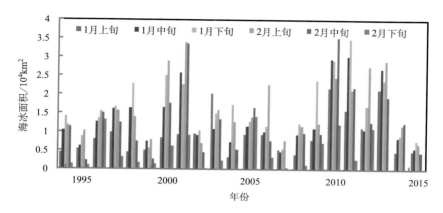

图 3.3　1994 年～2015 年冬季逐旬（ 12 月下旬～2 月下旬）渤海最大海冰面积变化

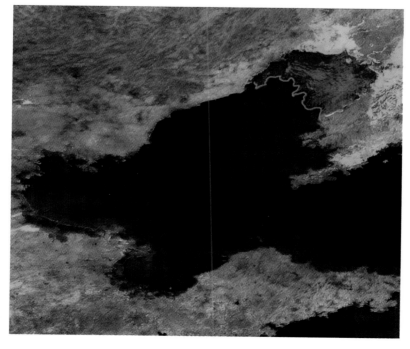

图 3.4　中国渤海海冰监测图（FY3C/MERSI）2015 年 1 月 31 日

3.2　积雪

国家卫星气象中心监测显示，中国各区域积雪覆盖率年际振荡明显。2000年以来，各区域积雪覆盖率均呈不同程度增多趋势。2014 年 11 月至 2015 年 2月，青藏高原地区、东北和内蒙古东部地区，以及新疆地区的积雪覆盖率分别比1990 年以来同期平均值偏高 36%、24% 和 18%（图 3.5）。

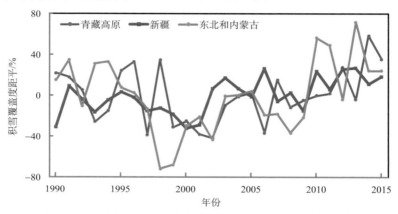

图 3.5　1990～2015 年度冬季中国主要积雪区积雪覆盖率距平变化

（横坐标年份表示上年 11 月至当年 2 月）

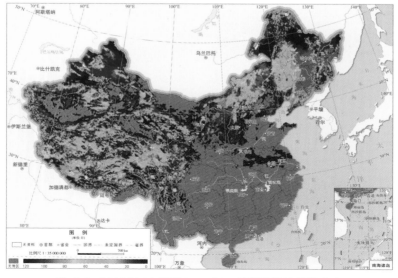

图 3.6　2014 年 11 月至 2015 年 2 月积雪累计日数分布

　　积雪日数监测结果显示，2014 年 11 月至 2015 年 2 月，东北大部、内蒙古东部、北疆大部、青藏高原东南部和西南部等地区积雪日数达 80 天以上，其中部分地区超过 100 天（图 3.6）。与 1990～2014 年同期平均值相比，新疆中部和东部局部、内蒙古东部局部、东北地区大部、青藏高原西南部和东北部等地积雪日数偏多 20～50 天；北疆北部、内蒙古中部、青藏高原东南部等地偏少 10～30 天，其中青藏高原东南部局部偏少 30 天以上（图 3.7）。

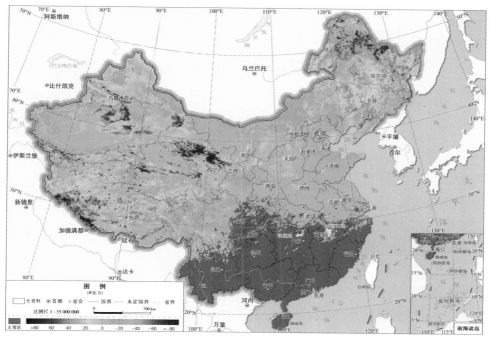

图 3.7　2014 年 11 月至 2015 年 2 月积雪累计日数距平分布

3.3　冰川

　　中国天山乌鲁木齐河源 1 号冰川（简称 1 号冰川）系全球参照冰川之一。监测结果表明，1960～2015 年，1 号冰川平均物质平衡量为 –327mm/a，冰川呈加速退缩趋势，与全球冰川总体变化一致。自 1995 年以来，中国北极黄河站监测的 Auster Lovénbreen 冰川（简称 A 冰川）物质平衡亦处于较高亏损状态，平均值为 –349mm/a。1 号冰川物质平衡变化显示，1960 年以来 1 号冰川经历了两次加速消融过程（图 3.8）。第一次发生在 1985 年前后，导致多年平均物质平衡量由 1960～1984 年的–81mm/a 降至 1985～1996 年的–273mm/a；第二次从 1997 年开始，更为强烈，使 1997～2015 年的多年平均物质平衡量降至–685mm/a，其中 2010 年冰川物质平衡量跌至–1327mm，为有观测资料以来的最低值。2011 年以来，冰川物质平衡量出现阶段性回升。1960~2015 年，1 号冰川累积物质平衡量达–18.3m，即假定面积不变的条件下，冰川厚度平均减薄 $1.83×10^4$mm 水当量。

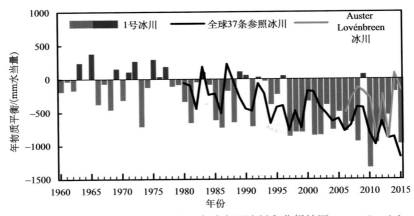

图 3.8　中国天山乌鲁木齐河源 1 号冰川、全球参照冰川和北极地区 Auster Lovénbreen 冰川平均物质平衡量变化

（资料源自中国科学院天山冰川观测实验站和世界冰川监测服务处）

从全球范围来看，2015 年是冰川物质损失最为剧烈的年份之一。据世界冰川监测服务处估算资料，2015 年全球 37 条参照冰川物质平衡量平均值为–1169mm，为有连续监测记录以来的最低值。2015 年，1 号冰川物质平衡量为–967mm，为历史第二低值，仅次于 2010 年。北极地区 A 冰川有所不同，2015 年物质平衡量为–177mm，处在平均值以上，物质损失程度相对较小。

冰川末端进退变化亦是反映冰川变化的重要监测指标之一，是冰川对气候变化的综合响应。由于强烈消融，1 号冰川在 1993 年分裂为东、西两支。监测结果表明（图 3.9），在冰川分裂之前的 1959～1993 年，冰川末端平均退缩速率为 4.5m/a；1994～2015 年，东、西支平均退缩速率分别为 4.3m/a 和 5.7m/a；2011 年之后，西支退缩速率出现减缓，而东支退缩速率明显增大，且超过西支。2015 年，东、西支退缩速率分别为 7.9m/a 和 4.2m/a。

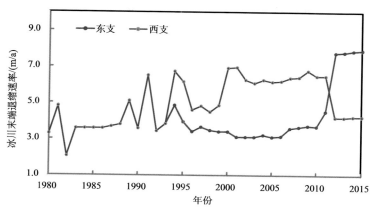

图 3.9　1980～2015 年中国天山乌鲁木齐河源 1 号冰川末端退缩速率

（资料源自中国科学院天山冰川观测实验站）

3.4　冻土

活动层是多年冻土与大气间的"缓冲层"，是多年冻土与大气之间水热交换的作用界面。活动层厚度是下垫面水热综合作用的结果，其为多年冻土区环境变化最直观的监测指标。监测结果表明，作为冰冻圈重要组成部分的多年冻土活动层近年表现出增厚加快的特点，证明多年冻土退化明显。在全球气候变暖的大背景下，1980～2015 年，青藏高原腹地平均气温呈显著升高趋势，升温速率达 0.68℃/10a。受区域增温的影响，同期青藏铁路沿线的多年冻土区活动层厚度呈明显增加趋势，平均每 10 年增厚 28cm，活动层厚度在 186～237cm 变化，平均厚度为 213cm。2001～2010 年青藏铁路沿线多年冻土区平均气温较 1990～2000 年升高了约 1.1℃，同期活动层厚度增厚近 19cm；而 2011～2015 年平均气温与 2001～2010 年基本持平，但同期活动层厚度却增厚了 15cm（图 3.10）。

西藏地区 17 个气象观测站冻土监测记录表明，1961 年以来西藏最大冻土深度呈持续减小趋势，不同海拔地区减小特征趋同存异（图 3.11）。不同海拔地区最大冻土深度的减小趋势均自 21 世纪初期以来有所增大，但与海拔 3200m 以下地区（低海拔区）相比，海拔 4500m 以上的高海拔区和海拔 3200～4500m 的中等海拔区最大冻土深度减小趋势更为明显。2015 年，高海拔地区的最大冻土深度

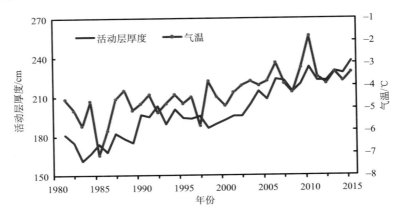

图 3.10　1981～2015 年青藏铁路沿线多年冻土区活动层厚度和平均气温变化

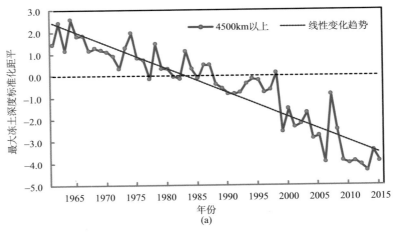

(a)

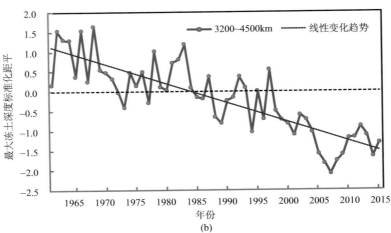

(b)

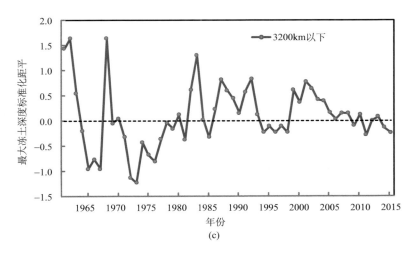

图 3.11　1961～2015 年西藏海拔 4500m 以上（a）、3200～4500m（b）和 3200m 以下（c）地区最大冻土深度变化

为 1961 年以来第五低值；中等海拔地区的最大冻土深度虽较 2014 年有所加深，但仍处于低位；低海拔地区最大冻土深度低于常年值。

第4章 陆地生态

陆地约占地球表面积的30%,陆面过程对气候变化的影响亦是十分重要。陆地上的植被等生物群落以及江河湖泊等通过调节地球水循环、碳、氮循环等途径影响到区域气候变化。地球表面不同的陆面状况如草原、沙漠、山地等对气候变化的响应也有相当大的差异。2015年全国平均气温为1951年以来最高值,中国平均地表温度与2009年并列为历史同期第三高值。生态建设各项指标表明,气候变化带来了不可回避的气候安全问题和气候风险问题。

本章从地表温度及区域陆地植被、湖泊面积、地表水资源,以及区域生态气候监测出发,揭示了诸多生态建设的结果,发现2015年,中国平均地表水资源量较常年偏多,尤其是长江和西北内陆河流域,如青海湖水位较2014年上升,石羊河流域荒漠面积亦为近11年来最小,华中地区主要湖泊湿地的面积减幅明显趋缓;全国绝大部分地区植被覆盖接近近年同期,内蒙古荒漠草原和典型草原区牧草生长季延长,荒漠草原区气候生产潜力增加,广西石漠化区秋季植被覆盖总体呈增长趋势。

4.1 地表温度

1961~2015年,中国年平均地表温度呈显著上升趋势,平均每10年上升0.31℃(图4.1)。20世纪60年代至70年代中期,中国年平均地表面温度呈阶段性下降趋势,之后呈明显上升趋势,尤其是1997年以来,中国年平均地表温度持续高于常年值,但近10年变化趋于平稳。2015年,中国年平均地表温度为14.0℃,较常年偏高1.6℃,与2009年并列为历史同期第三高值。

2015年,除湖北省大部地表温度偏低外,全国大部地区地表温度偏高,其中西北大部、东北大部、西藏中部局部偏高2~6℃,东北北部局部偏高6℃以上(图4.2)。

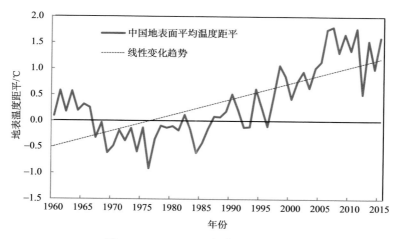

图 4.1　1961~2015 年中国地表温度距平变化

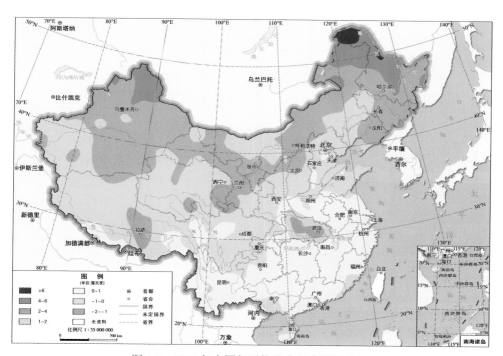

图 4.2　2015 年中国年平均地表温度距平分布

4.2　土壤湿度

采用观测资料（2012 年以后为自动台站）计算了中国 10cm、20cm 和 50cm

深度年平均土壤相对湿度。结果显示，1993～2015年，中国10cm、20cm和50cm深度土壤相对湿度总体呈增加趋势，且随着土壤深度的增加，土壤相对湿度越大。从阶段性变化来看，20世纪90年代至21世纪初，三种深度土壤相对湿度均呈减小趋势，之后呈上升趋势，特别是近4年增加趋势最明显（图4.3）。

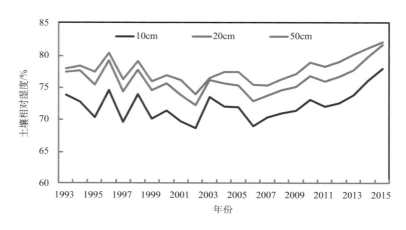

图4.3　1993～2015年中国年平均土壤相对湿度变化

4.3　陆地植被

4.3.1　植被覆盖

2015年，中国区域年平均归一化植被指数（NDVI）为0.31，一季度至四季度的全国平均NDVI分别为0.21、0.27、0.40和0.32。与2011年以来的同期相比，2015年中国区域的NDVI与近4年同期接近，植被覆盖无显著变化。

空间上，2015年，中国中东部大部分地区植被覆盖较好，NDVI年平均值超过0.2，其中内蒙古东北部、黑龙江西北部大小兴安岭林区、吉林和辽宁东部、陕西南部、四川西南部、云南大部、浙江大部、江西南部、福建大部、广东北部、广西西部、海南超过0.4，云南大部、海南、福建大部为0.5左右，而内蒙古中西部、西北东北部和中西部大部、青藏高原中西部植被覆盖较差，年平均值低于0.2（图4.4（a））。距平图显示，2015年全国绝大部分地区年平均NDVI与近年同期接近（图4.4（b））。

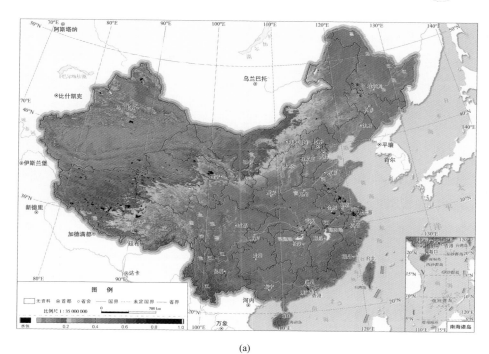

(a)

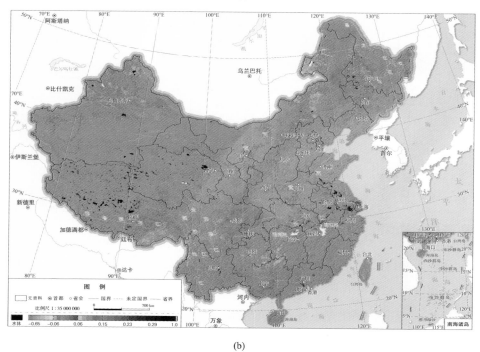

(b)

图 4.4　FY-3B/VIRR 监测 2015 年归一化植被指数（NDVI，a）及距平（b）

4.3.2　草原生产潜力

1961～2015 年内蒙古荒漠草原增温速率为每 10 年 0.43℃，草甸草原和典型草原分别为 0.37℃和 0.38℃。内蒙古草原区年降水量年际、年代际变化显著，而线性趋势不突出。受气候变暖影响，荒漠草原和典型草原区牧草返青期均呈明显提前趋势，平均每 10 年提前 3～5 天；而草甸草原区牧草返青期不敏感。

1961～2015 年典型草原区气候生产潜力呈减小趋势，平均每 10 年减少约 9kg/hm²；荒漠草原区由于近年来降水增多，其气候生产潜力呈增加趋势，平均每 10 年增多 88 kg/hm² 以上（图 4.5）。

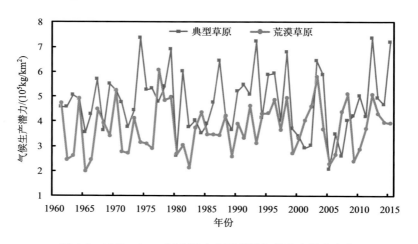

图 4.5　1961～2015 年内蒙古主要草原气候生产潜力变化

4.4　湖泊与湿地

4.4.1　鄱阳湖面积

1989～2015 年，鄱阳湖水域 8 月水体面积无显著的线性变化趋势。1998 年之前，鄱阳湖水域 8 月水体面积总体偏小，自 1998 年以来年际波动幅度明显增大。1989 年以来，鄱阳湖水域 8 月的水体面积最大值和最小值分别出现在 2010 年和 1999 年。2015 年 8 月，鄱阳湖水体面积较 1989～2014 年同期平均值偏小 6%（图 4.6）。

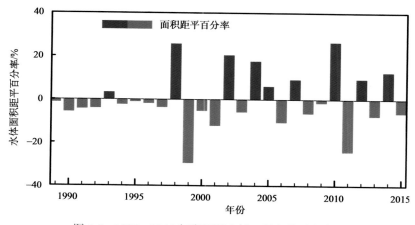

图 4.6　1989～2015 年鄱阳湖水域 8 月水体面积变化

2015 年汛期（5～9 月），鄱阳湖水域水体面积月际变化较明显，5～7 月逐渐增大后，8～9 月逐步下降。其中，7 月面积最大，达 3435 km²，9 月面积最小，为 2198 km²，仅为 7 月的 64%（图 4.7）。

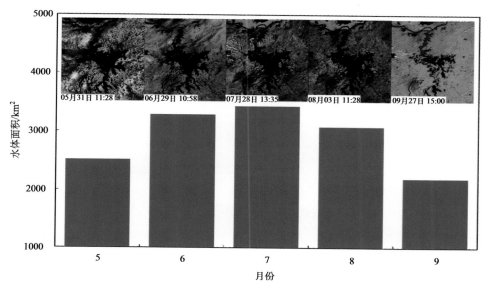

图 4.7　2015 年汛期鄱阳湖水域水体面积和实时卫星监测图像

4.4.2　洞庭湖面积

1989～2015 年，洞庭湖水域 8 月水体面积呈减小趋势，自 2006 年以来洞庭湖的水体面积普遍偏小。1989 年以来，洞庭湖水域 8 月水体面积的最大值和最小值分别出现在 1996 年和 2006 年。2015 年 8 月，洞庭湖水体面积较 1989～2014 年同期平均值偏小 25%（图 4.8）。

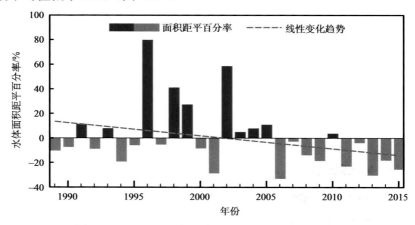

图 4.8　1989～2015 年洞庭湖水域 8 月水体面积变化

2015 年汛期（5～9 月），洞庭湖水体面积月际变化幅度较小。监测期间，5～7 月水体面积逐渐增大，之后逐渐减小。其中，7 月面积最大，达 1634 km²，9 月最小，为 1214 km²，是最大值的 74%（图 4.9）。

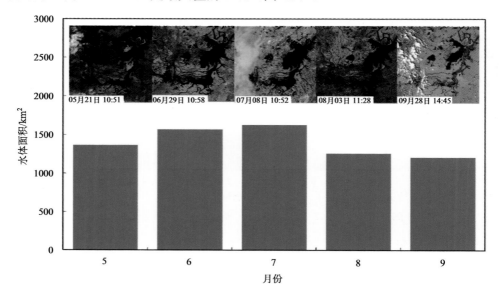

图 4.9　2015 年汛期洞庭湖水域水体面积和实时卫星监测图像

4.4.3 华中湖泊湿地

20 世纪 50 年代到 2015 年，华中地区主要湖泊湿地的面积呈减小趋势。洞庭湖湿地面积减少最为明显，由 20 世纪 50 年代的 4350 km² 减少至 2015 年的 1019km²，面积缩小了 76.6%，但与 2014 年相比，湿地面积增加了 4.5%；洪湖湿地由 661.9 km² 减少至 338.9 km²，面积缩小了 48.8%，但较 2014 年增加了 6.4%；斧头湖和梁子湖湿地面积分别减少了 80.2 km² 和 108.9 km²。近年来，华中地区主要湖泊湿地的面积减幅明显趋缓。洞庭湖和洪湖湿地有不同程度的增加，与卫星监测年际变化结果相一致（图 4.10）。从逐月监测分析发现：干、湿季湖泊面积变化明显。洞庭湖湿地 7 月最大面积突破 1500 km²，而 1 月最小值仅为 518 km²。

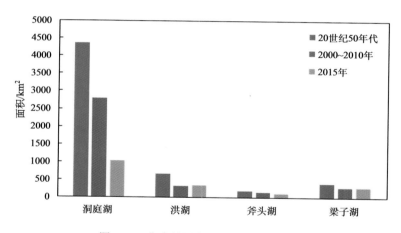

图 4.10　华中地区主要湖泊湿地的面积

4.4.4 青海湖水位

青海湖是中国最大的内陆湖泊和咸水湖，位于青藏高原的东北部。湖泊水位是反映区域生态气候变化的重要监测指标。1961～2004 年，青海湖水位呈显著下降趋势，平均每 10 年下降 0.76m。2005 年开始，青海湖水位止跌回升，转入上升期。截至 2015 年，青海湖水位已连续 11 年回升，累计上升 1.57m，已接近 20 世纪 70 年代末的水平（图 4.11）。2015 年，青海湖水位达 3194.44m，较 2014

年上升 0.11m，较常年值偏高 0.31m。2015 年，青海湖流域平均降水量 399.5mm，较常年偏多 37.5mm，年平均气温较常年偏高 1.4℃；流域冰雪融水补给量和雨水补给量均较常年偏多。

图 4.11   1961～2015 年青海湖水位变化

4.5   水资源

4.5.1   地表水资源

1961～2015 年，中国十大流域中，松花江、长江、珠江、东南诸河和西北内陆河流域地表水资源量总体表现为增加趋势，辽河、海河、黄河、淮河和西南诸河流域则表现为减少趋势（图 4.12、表 4.1）。其中，西北内陆河流域地表水资源量增加的相对速率最大，平均增加速率为 3.8%/10a，海河流域地表水资源量的减少相对速率最大，平均减小速率为 2.8%/10a。

2015 年，辽河、海河、黄河和西南诸河流域地表水资源量分别较常年值偏少 12.2%、1.0%、8.6% 和 8.3%，而东南诸河、长江和西北内陆河流域地表水资源量偏多较为明显，分别较常年值偏多 24.6%、10.2% 和 15.8%。

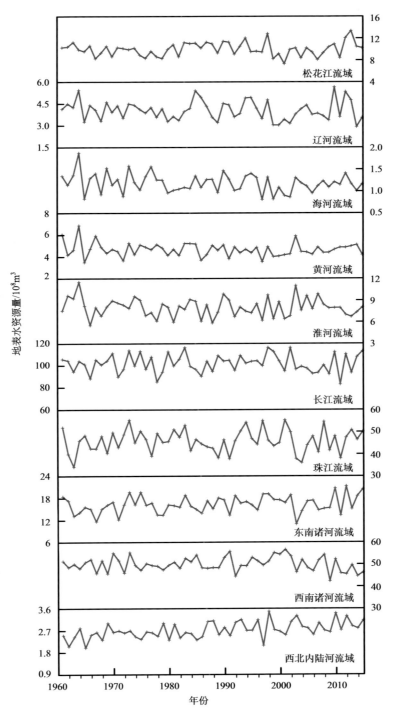

图 4.12　1961～2015 年中国十大流域地表水资源量变化

表 4.1　1961～2015 年中国十大流域地表水资源量变化趋势及 2015 年状况

流　域	2015 年地表水资源总量/10^8m^3	2015 年距平 /10^8m^3	2015 年距平比例 /%	1961～2015 年线性趋势*
松花江	1022.0	15.6	1.6	6.7（0.7）
辽河	355.1	−49.5	−12.2	−4.6（−1.1）
海河	116.8	−1.2	−1.0	−3.3（−2.8）
黄河	417.4	−39.3	−8.6	−7.1（−1.5）
淮河	803.9	16.1	2.0	−8.9（−1.1）
长江	11311.2	1047.6	10.2	2.8（0.0）
珠江	5011.2	365.4	7.9	21.5（0.5）
东南诸河	2151.1	405.6	24.6	36.3（2.2）
西南诸河	4631.0	−416.6	−8.3	−16.8（−0.3）
西北内陆河	312.8	42.6	15.8	10.2（3.8）

*线性趋势分为绝对速率（单位：10^8m^3）和相对速率（括号内值，单位：%/10a），相对速率是指绝对速率相对于流域地表水资源量常年值的百分率值。

　　2015 年，中国平均年径流深为 344.4mm，较常年值偏多 22.4 mm。与常年值相比，松花江流域南部、辽河流域大部、海河流域西南部、黄河流域西部和东部、淮河流域东北部、长江流域西部和北部、珠江流域南部沿海、西南诸河流域大部及西北内陆河流域南部径流深偏低 50 mm 以内，西南诸河流域西部和中部、珠江流域南部局部偏低超过 50 mm。长江流域东南部、珠江流域中北部及东南诸河流域大部比常年偏高 100～200 mm，局部地区偏高 300 mm 以上（图 4.13）。

4.5.2　河西走廊地下水

　　地下水位与地质结构和外界因素如降水量、河道流量及持续时间、渗入量及人类用水强度等密切相关，在不同区域、不同时段高低不一。2005～2015 年，河西走廊各区域地下水位变化不一，总体上，河西走廊西部的敦煌和月牙泉监测点地下水位缓慢下降，河西走廊东部的武威东部荒漠区水位下降明显，武威中部绿洲区和北部绿洲区水位先下降后上升。

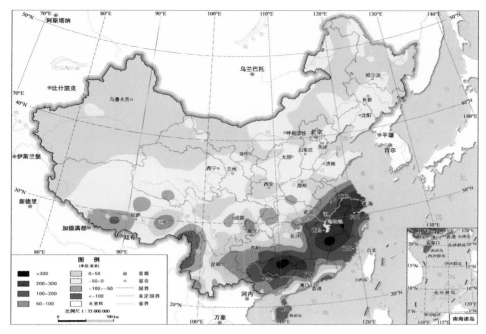

图 4.13　2015 年中国年平均径流深距平分布

　　2015 年各测站年平均地下水位，敦煌为 −21.1m，武威东部荒漠区为 −33.4m，武威北部绿洲为 −25.9m，分别较 2014 年下降了 1.1m、0.4m 和 0.4m；月牙泉水位为 −13.9m，与 2014 年持平；武威中部绿洲区为 −6.4m，较 2014 年上升 0.9m（图 4.14）。地下水位年变化因为外界水环境差异和人类扰动强度，呈现出作物生长季节下降，冬季农事歇息期回升的特点。

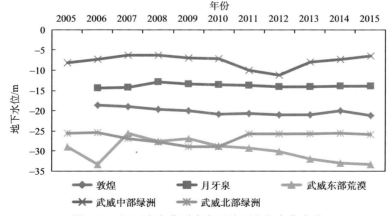

图 4.14　河西走廊典型生态区地下水位变化曲线

4.6　沙漠化与石漠化

4.6.1　石羊河流域沙漠化

　　石羊河流域位于河西走廊东部，是西北地区生态气候变化的敏感区和脆弱区。石羊河流域沙漠边缘进退速度主要受风的动力作用影响，受控于风向、风速和大风日数等风场要素。近年来，石羊河流域沙漠边缘外延速度虽有波动，但总体为减缓趋势，特别是凉州区东沙窝监测点沙漠边缘扩张速度明显减缓。监测表明，2005～2015 年，民勤和凉州监测点沙漠边缘向外推进的平均速度分别为 2.35m/a 和 1.22m/a（图 4.15）。2015 年，民勤沙漠边缘向外推进了 2.0m，为近 11 年来最少；凉州区沙漠边缘向外推进 0.7m，显著小于近 11 年平均值。

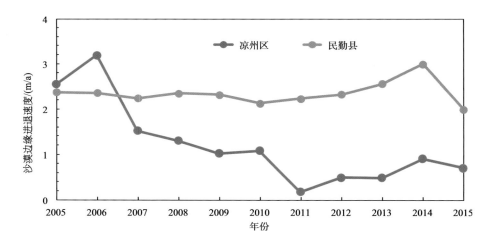

图 4.15　2005～2015 年石羊河流域沙漠边缘进退速度变化

　　2005～2015 年，石羊河流域荒漠面积呈减小趋势，由 2005 年的 $1.98 \times 10^4 km^2$ 逐渐减少至 2015 年的 $1.33 \times 10^4 km^2$，为近 11 年来最小（图 4.16）。近年来，石羊河流域处于降水偏多（特别是植被生长关键季节降水增多）的年代际背景下，加之 2006 年启动了人工输水工程，受气候因素和工程治理措施的共同影响，流域生态环境明显趋于好转。

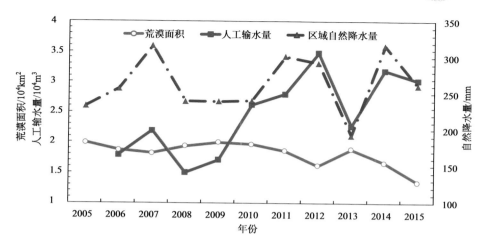

图 4.16　石羊河流域荒漠面积与自然降水和人工输水的关系

4.6.2　广西石漠化

　　广西是中国岩溶面积最大的地区之一，全区岩溶面积 9.77×10^4 km²，占全区土地总面积的 41%。岩溶地区表层土壤层较薄，地下为溶洞和地下河，水分不易储存，容易干旱，形成石漠化。由于人们生产活动和气候变化的影响，广西的石漠化面积在 20 世纪 80 年代中期到 90 年代中期曾快速扩大，面积增长了 10.34%。1995 年开始，广西持续实施生态治理工程，尤其是 2001 年以来开展石漠化综合治理试点，2008 年正式全面实施，积极采取退耕还林、植树造林等措施，产生了积极效果。近五年来，广西石漠化面积减少 19%，石漠化片区森林覆盖率达 67.8%。

　　利用 2001～2015 年 NDVI 数据统计分析表明，广西石漠化区秋季植被覆盖总体呈增长趋势，NDVI 增长率为 0.0046/a，2001～2005 年、2006～2010 年、2011～2015 年的三个 5 年周期石漠化区 NDVI 均值分别为 0.70、0.71、0.75（图 4.17）。秋季，广西石漠化区植被覆盖度各地有不同程度增加，石漠化区植被增加和稍增加区域所占面积比例分别为 4.8% 和 40.7%，主要分布在河池市大部、百色市南部；植被覆盖变差和稍变差区域仅分别占 0.6% 和 6.9%，主要分布在崇左市西部、百色市南部局部、柳州市和桂林市中部区域（图 4.18）。

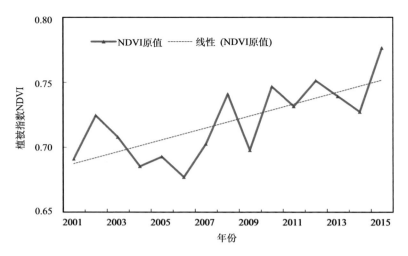

图 4.17　2001～2015 年广西石漠化区秋季归一化植被指数变化

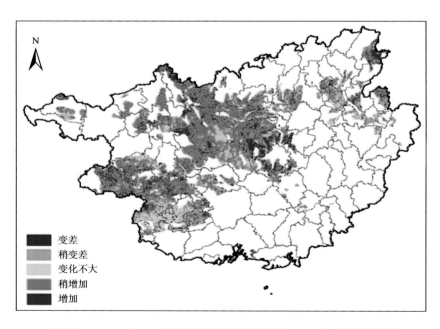

图 4.18　2001～2015 年广西石漠化区秋季植被 NDVI 年变化趋势图

第5章 影响因子

气候变化的主要驱动力来自地球气候系统之外的外强迫因子，包括自然驱动因子和人为驱动因子。自然驱动因子主要包括太阳活动及太阳辐射的变化、火山活动等；而人为驱动因子主要是指人类活动引起的大气成分和气溶胶等大气颗粒物的浓度的变化等。工业革命以来，全球经济飞速发展，但人类在生产生活过程中温室气体和气溶胶颗粒物向大气中的排放量也大幅提高。这些温室气体和气溶胶排放到大气中，改变原来的大气成分构成，影响地球大气辐射收支平衡。

本章主要揭示大气成分、太阳活动与太阳辐射、火山活动等气候变化驱动因子的监测结果，认识到人类活动对气候变化的定量影响。

5.1 太阳活动与辐射

5.1.1 太阳黑子

太阳活动既有 11 年左右的长周期变化，也有短至几十分钟的爆发过程。一般可用太阳黑子相对数来表征太阳活动长期水平的高低。习惯上将 1755 年黑子数最少时开始的活动周称作太阳的第 1 个活动周，目前太阳活动已经进入第 24 周太阳活动下降阶段，根据现有观测数据分析，本活动周的周期偏长，预计可达 13 年左右。2015 年太阳黑子相对数年平均值为 69.7±32.6，低于 2014 年（113.3±38.2），较 23 周同期水平（2003 年太阳黑子相对数 99.3±46.2），其活动也明显偏低（图 5.1）。

5.1.2 太阳辐射

1961～2015 年，中国陆地表面接收到的平均太阳年总辐射量趋于减少，减少速率为每 10 年 11.2 kW·h/ m²，且阶段性特征明显（图 5.2），20 世纪 60～70 年代，中国平均太阳年总辐射量总体处于偏多阶段，且年际变化较大；90 年代以来，总辐射量处于偏少阶段，年际变化也较小。2015 年，中国平均太阳年总辐射量为 1440.35 kW·h/ m²，较常年平均偏少 45.9 kW/ m²。

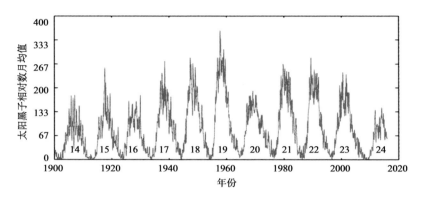

图 5.1　1900～2015 年太阳黑子相对数变化

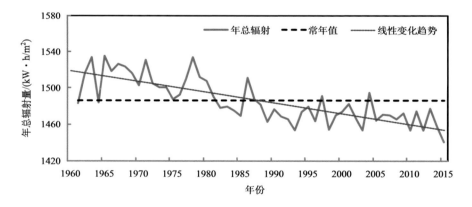

图 5.2　1961～2015 年中国平均年总辐射量变化

　　2015 年，青海大部、西藏、甘肃西部、内蒙古西部，新疆东部地区太阳年总辐射量超过 1750 kW·h/ m²，太阳能资源最为丰富；新疆大部、西藏东部、青海东南部、甘肃、宁夏、四川西部、云南大部及海南等地为年总辐射在 1400～1750 kW·h/ m²，太阳能资源丰富；东北大部、华北南部、黄淮、江淮、江汉、江南及华南地区年总辐射为 1050～1400 kW·h/ m²，太阳能资源较为丰富，四川东部、重庆、贵州中东部、湖南及广西北部年总辐射不足 1050 kW·h/ m²，为太阳能资源一般区（图 5.3（a））。

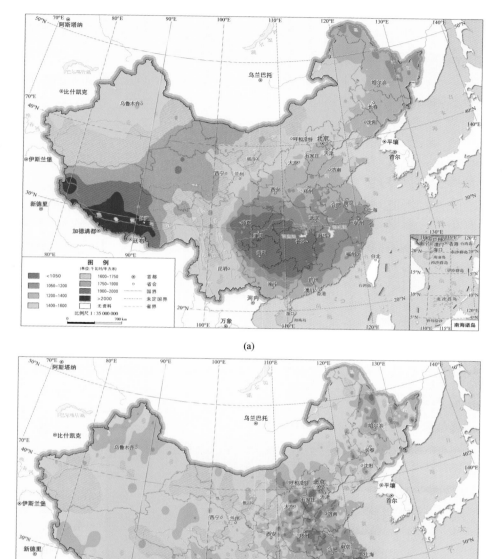

(a)

(b)

图 5.3 2015 年中国陆地表面太阳总辐射量（a）及其距平（b）空间分布

与常年值相比，2015 年全国大部分地区陆地表面平均总辐射偏小，华北、黄淮、江淮、长江中下游地区、西南地区东北部、新疆北部及东北大部较常年值偏少 50 kW·h/ m² 以上，局部地区偏少 150 kW·h/ m² 以上；仅除新疆西部、西藏、甘肃、内蒙古等地局部、云南、海南等地偏多，云南、海南局部地区偏多 50 kW·h/ m² 以上（图 5.3（b））。

5.2 火山活动

2015 年，全球活跃的火山包括智利的卡尔布科火山（Mount Calbuco）、印尼的林贾尼火山（Mount Rinjani）和锡纳朋火山（Mount Sinabung）、日本西南部鹿儿岛县的新岳火山（Mount Shindake）和意大利的埃特纳火山（Mount Atna）等，其中智利的卡尔布科火山喷发规模相对较大，预警等级达到红色（最高）等级。

位于智利南部的卡尔布科火山（72.6°W，41.33°S）于当地时间 2015 年 4 月 22 日 18 时喷发。2015 年 4 月 23 日，中国极轨气象卫星（FY-3C）监测到智利卡尔布科火山仍在喷发，火山口附近可见火山爆发引起的高温热点（如图 5.4 中箭头所指红色点所示），同时火山的东北部上空有大片火山灰云（图 5.4）。经估算，火山灰云覆盖面积约 86 000km²。

图 5.4　FY-3C/VIRR 智利卡尔布科火山监测图

（2015 年 4 月 23 日 13:50（世界时））

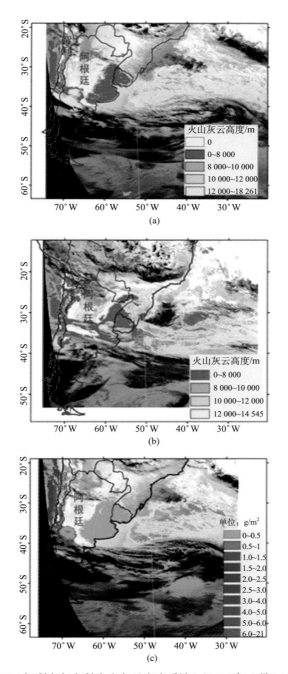

图 5.5　MSG-3/SEVIRI 智利卡尔布科火山灰云高度反演（a）2015 年 4 月 23 日 20:00（世界时）、（b）2015 年 4 月 24 日 16:00（世界时）和（c）MSG-3/SEVIRI 智利卡尔布科火山灰云柱浓度反演 2015 年 4 月 23 日 16:00（世界时）

欧洲静止气象卫星 MSG-3 监测显示：由于当地西南风盛行，火山灰云逐步向东北方向飘散影响到邻国阿根廷，并部分穿过阿根廷陆地，向大西洋飘散（图5.5（a））。截止到 4 月 24 日 16 时（世界时），火山灰云已扩散至大西洋中部西经 22 度区域，总扩散长度达到 5000km（图 5.5（b））。卫星反演的最高火山灰云高度达到 18.26km（图 5.5（a））；火山灰云主要出现在卡尔布科火山的北侧，其柱浓度在 $2g/m^2$ 左右（图 5.5（c））。

5.3 大气成分变化

5.3.1 温室气体

中国青海瓦里关全球本底站位于 36°17′N,100°54′E，海拔 3816m，为全球大气二氧化碳月平均本底浓度长期变化 30 个监测站之一，是中国最先开展温室气体监测的观测站，也是目前欧亚大陆腹地唯一的大陆性全球本底站。1990～2014 年，瓦里关站大气二氧化碳浓度逐年稳定上升，其月平均浓度变化特征与同处于北半球中纬度高海拔地区的美国夏威夷 MLO 全球本底站基本一致，很好地代表了北半球中纬度地区大气二氧化碳的平均状况（图 5.6）。

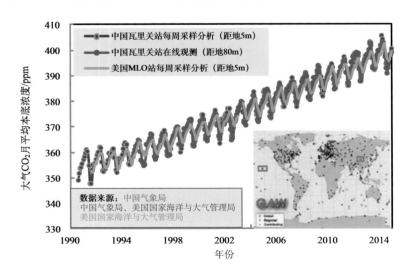

图 5.6 1990～2014 年中国瓦里关和美国夏威夷全球本底站大气二氧化碳月均摩尔分数变化

2014 年全球大气二氧化碳年平均本底浓度为 397.7±0.1 ppm（摩尔分数，百万分之一），中国瓦里关全球本底站大气二氧化碳年平均本底浓度为 398.7±1.2ppm，略高于全球均值，与北半球均值和美国夏威夷站同期观测结果基本一致（图 5.7）。

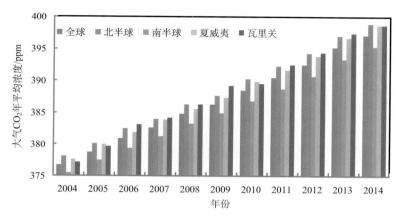

图 5.7 2004～2014 年大气二氧化碳年均摩尔分数逐年变化

中国相继建立的 6 个区域大气本底观测站（北京上甸子、浙江临安、黑龙江龙凤山、湖北金沙、云南香格里拉和新疆阿克达拉等），2014 年二氧化碳的浓度普遍高于瓦里关站，其中北京上甸子站年平均值达 404.4±2.0ppm,已突破 400ppm 大关（图 5.8）。

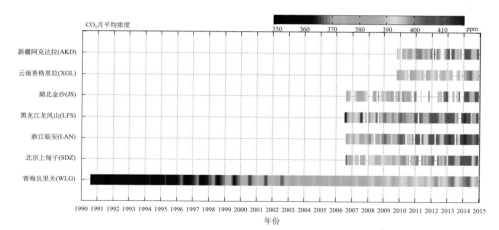

图 5.8 中国气象局 7 个大气本底站的二氧化碳月平均浓度

2014 年全球大气甲烷年平均本底浓度为 1833±2 ppb（摩尔分数，十亿分之一），中国瓦里关全球本底站大气甲烷年平均本底浓度为 1893±3ppb，高于全球均值，与北半球均值较为接近（图 5.9）。

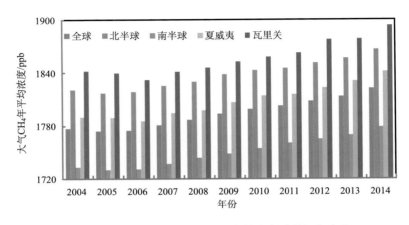

图 5.9 2004～2014 年大气甲烷年均摩尔分数逐年变化

2014 年全球大气氧化亚氮年平均本底浓度为 327.1±0.1 ppb，中国瓦里关全球本底站大气氧化亚氮年平均本底浓度为 327.9±0.3 ppb，略高于全球均值，与北半球均值及美国夏威夷站同期观测结果大体相当（图 5.10）。

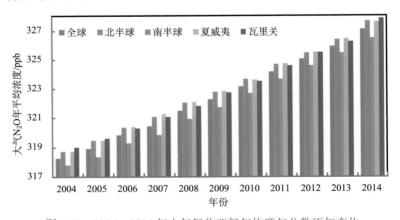

图 5.10 2004～2014 年大气氧化亚氮年均摩尔分数逐年变化

2014 年全球大气六氟化硫年平均本底浓度为 8.25 ppt（摩尔分数，万亿分之一），中国瓦里关全球本底站大气六氟化硫年平均本底浓度为 8.36ppt，高于全球均值，与北半球均值及美国夏威夷站同期观测结果较为接近（图 5.11）。

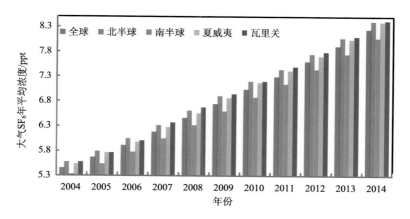

图 5.11　2004～2014 年大气六氟化硫年均摩尔分数逐年变化

5.3.2　臭氧层

20 世纪 70 年代中后期全球臭氧总量开始逐渐降低，到 1992～1993 年因为菲律宾皮纳图博火山爆发而降到最低点。中国青海瓦里关山和黑龙江龙凤山观测结果显示，1991 年以来臭氧总量季节波动明显，但年平均值减少的趋势已停滞（图 5.12）。2015 年两站臭氧总量的年平均值分别是 295±26 及 361±48 陶普生单位（DU）[①]，与 2014 年测值相比，两站分别增加 5DU 和 2DU。臭氧总量值回升与中纬度地区臭氧层出现恢复信号是一致的，瓦里关山近 5 年（2011～2015 年）趋势明显，全球禁止排放损耗臭氧层的氟氯烃对保护臭氧层的贡献已明显。

5.3.3　大气气溶胶

气溶胶通过散射和吸收辐射直接影响气候变化，也可通过在云形成过程中扮演凝结核或改变云的光学性质和生存时间而间接影响气候。气溶胶光学厚度，是用来表征气溶胶对光的衰减作用的重要监测指标，光学厚度越大，代表大气中气溶胶含量越高。中国北京上甸子、浙江临安和黑龙江龙凤山气溶胶光学厚度观测

---

① 1DU=10^{-5}m/m²，表示标准状态下每平方米面积上有 0.01mm 厚臭氧。

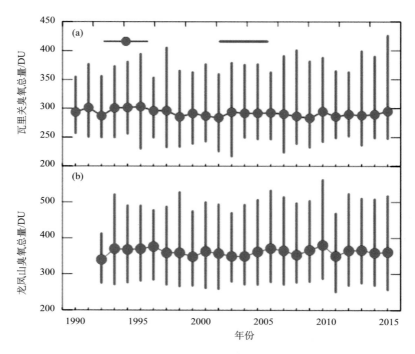

图 5.12　中国青海瓦里关山（a）和黑龙江龙凤山（b）观测到的臭氧总量年变化（圆心实线为年平均值的变化，浅色竖线表示臭氧总量值的范围）

结果显示，3 个大气本底站气溶胶光学厚度年平均值近年来均呈现增加趋势（图 5.13），2015 年上甸子、临安和龙凤山蓝色可见光波段（中心波长 440nm）气溶胶光学厚度分别为 0.54±0.51、0.75±0.49 和 0.37±0.36，均略低于 2014 年。

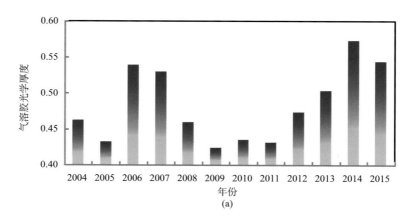

(a)

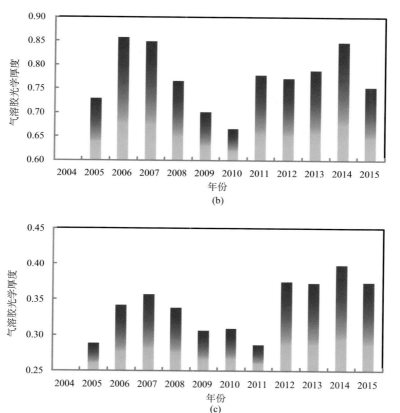

图 5.13 2004～2015 年中国北京上甸子（a）、浙江临安（b）和黑龙江龙凤山（c）观测到的
气溶胶光学厚度变化

选取三大经济区中观测资料时间较长且具有区域代表性的北京上甸子、上海东滩和广东番禺站作为典型站，分析大气细颗粒物 PM2.5 平均浓度的近 10 年变化趋势。

中国气象局环境气象监测结果表明，2005～2015 年北京上甸子站 PM2.5 年平均浓度有波动，但整体上呈下降趋势。其 PM2.5 质量浓度年平均值于 2006～2012 年表现出下降趋势，但随后 2013～2014 年连续两年上升，2015 年则较 2014 年又出现明显下降。

2015 年平均浓度为 33.6μg/m³。历史最高值出现在 2006 年，为 60.8μg/m³，历史年份平均值为 43.5±7.0μg/m³（图 5.14（a））。

长三角典型站点上海东滩站监测结果显示 2010～2015 年其 PM2.5 年平均浓度较为平稳、略呈下降趋势。2015 年其 PM2.5 平均浓度为 24.7μg/m³，略低于历史均值 26.6μg/m³（图 5.14（b））。

　　珠三角地区典型站点广州番禺站监测结果显示，2006～2015 年其 PM2.5 年平均浓度呈下降趋势。其 PM2.5 年平均浓度由 2006 年的 52.9μg/m³ 下降为 2015 年的 31.2μg/m³（图 5.14（c））。

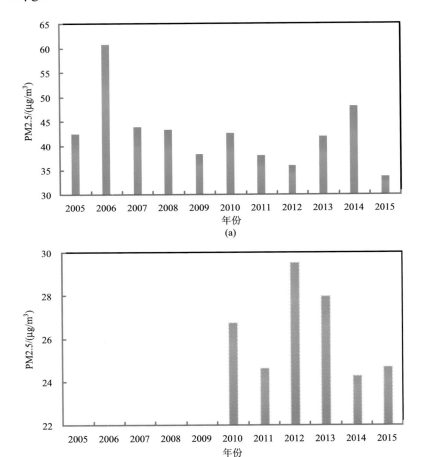

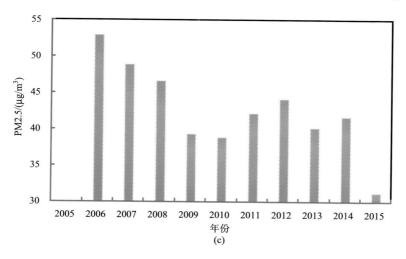

图 5.14　2005～2015 年北京上甸子站（a）、上海东滩站（b）、广州番禺站（c）PM2.5 年平均浓度变化

附录 I 数据来源和其他背景信息

本公报中所用资料来源：

世界气象组织（2015 年全球气候状况声明）：www.wmo.int

世界气象组织全球大气观测网（全球、北半球、南半球和美国夏威夷站-MLO 温室气体浓度）：www.wmo.int/gaw

世界冰川监测服务处（全球参照冰川）：www.wgms.ch

中国科学院天山冰川观测实验站（山地冰川）：www.casnw.net

中国科学院青藏高原冰冻圈观测研究站（多年冻土）：www.casnw.net

中国国家海洋局（2015 年中国海平面公报）：www.soa.gov.cn

中国香港天文台（维多利亚验潮站海平面高度）：www.weather.gov.hk

青海省水利厅（青海湖水位）：www.qhsl.gov.cn

英国气象局哈德莱中心（全球海表温度资料）：www.metoffice.gov.uk

美国国家地球物理数据中心（太阳黑子相对数）：www.ngdc.noaa.gov

本公报中所用其余数据均源自中国气象局。

主要贡献单位：

国家气候中心、国家气象中心、国家卫星气象中心、中国气象科学研究院、国家气象信息中心、公共气象服务中心、大气探测中心、北京市气象局、上海市气象局、广东省气象局、辽宁省气象局、黑龙江省气象局、湖北省气象局、甘肃省气象局、青海省气象局、广西壮族自治区气象局、内蒙古自治区气象局、西藏自治区气象局、中国科学院冰冻圈科学国家重点实验室、天山冰川观测实验站、青藏高原冰冻圈观测研究站、香港天文台等。

附录II 术语表

冰川物质平衡：物质平衡是指冰川上物质的收入（积累）与支出（消融）的代数和。该值为负时，表明冰川物质发生亏损；反之则冰川物质发生盈余。

常年值：在本公报中，"常年值"是指 1971～2000 年气候基准期的常年平均值。凡是使用其他平均期的值，则用"平均值"一词，全球温度距平是相对于 1961～1990 年的平均值。

大气环境容量：即单位时间和单位面积内，大气通过扩散稀释和降水冲洗可清除污染物的总量，单位是 $10^3 kg/(d \cdot km^2)$。大气环境容量值高，说明大气对污染物的清除能力强，污染气象条件有利于空气中污染物的扩散或湿沉降；反之亦然。

低容量日：大气环境容量值低于 14（$10^3 kg/(d \cdot km^2)$）时，称为低容量日。表明大气混合层高度低、混合层内整体水平风速小且无降水，大气扩散条件很差，容易引起空气质量重度污染。

地表温度：指某一段时间内，陆地表面与空气交界处的温度。

地表平均气温：指某一段时间内，陆地表面气象观测规定高度（1.5m）上的空气温度值的面积加权平均值。

地表水资源量：某特定区域在一定时段内由降水产生的地表径流总量，其主要动态组成为河川径流总量。

典型浓度路径（RCPs）：预估气候变化需事先提供未来温室气体和硫酸盐等气溶胶的排放情况，即所谓的排放情景。在 IPCC 第五次评估报告中使用了典型浓度路径（RCPs）新情景，包括 RCP2.6、RCP4.5、RCP6.0 和 RCP8.5 四种。典型浓度路径情景是用相对于 1750 年的 2100 年的近似总辐射强迫来表示，在 RCP2.6 情景下为 $2.6 W/m^2$，RCP4.5 和 RCP 6.0 情景下分别为 $4.5\ W/m^2$ 和 $6.0 W/m^2$，RCP 8.5 情景下为 $8.5\ W/m^2$。上述四种情景中，RCP2.6 为极低强迫水平的减缓情景,辐射强迫先达到峰值,然后下降;RCP4.5 和 RCP6.0 为中等稳定化情景,RCP8.5 为温室气体高排放情景,RCP4.5 情景下辐射强迫在 2100 年前达到稳定,而对于 RCP6.0 和 RCP8.5 情景,辐射强迫到 2100 年尚未达到峰值。

多年冻土活动层厚度：多年冻土区年最大融化深度,在北半球一般出现在 8 月底至 9 月中,厚度在数十厘米至数米之间。

多年冻土退化：在一个时段内（至少数年以上）多年冻土持续处于下列任何一种或者多种状态：多年冻土温度升高、厚度减小、面积缩小。

活动积温：是指植物在整个年生长期中高于生物学最低温度之和,即大于某一临界温度值的日平均气温的总和。

积雪覆盖度：监测区域内的积雪面积与区域总面积的比值。

径流深：在某一时段内通过河流上指定断面的径流总量（以 m^3 计）除以该断面以上的流域面积（以 km^2 计）所得的值,其相当于该时段内平均分布于该面积上的水深（以 mm 计）。

径流总量：在一定的时间里通过河流某一断面的总水量,单位是 m^3 或 $10^8 m^3$。

摩尔分数：或称摩尔比例,是一给定体积内某一要素的摩尔数与该体积内所有要素的摩尔数之比。

年总辐射量：指地表一年中所接受到的太阳直接辐射和散射辐射之和。

年平均雨日：指一定空间范围内,各站点一年中降水量大于等于 0.1mm 日数的平均值。

气候生产潜力：气候资源蕴藏的物质和能量所具有的潜在生产力。根据生物量与气候因子的统计相关关系建立的数学模型计算得到。本书中关于内蒙古草原气候生产潜力是基于年平均温度和年平均降水量建立的植物生产力迈阿密模型计算得出。

气溶胶光学厚度：定义为大气气溶胶消光系数在垂直方向上的积分,主要用来描述气溶胶对光的衰减作用,光学厚度越大,代表大气中气溶胶含量越高。

全球表面平均温度：是指与人类生活的生物圈关系密切的地球表面的平均温度,通常是基于按面积加权的海洋表面温度和陆地表面 1.5m 处的表面气温的全球平均值。

太阳黑子相对数：表示太阳黑子活动程度的一种指数，是瑞士苏黎世天文台的 R. 沃尔夫在 1849 年提出的，因而又称沃尔夫黑子数。

植被指数：对卫星不同波段进行线性或非线性组合以反映植物生长状况的量化信息，本公报使用归一化差植被指数。

地表平均气温：指某一段时间内，一定区域范围内，地面气象观测规定高度（1.5m）上的空气温度值的面积加权平均值。

年累计暴雨站日数：指一定区域范围内，一年中各站点达到暴雨量级的降水日数的逐站累计值。

平均年降水量：指一定区域范围内，一年降水量总和（单位:mm）的面积加权平均值。

最大冻土层深度：冻土层深度指地面以下最深的冻土层到地面的距离。最大冻土层深度指某段时间内冻土层深度达到的最大值。

ppm: 干空气中每百万（10^6）个气体分子中所含的该种气体分子数。

ppb: 干空气中每十亿（10^9）个气体分子中所含的该种气体分子数。

ppt: 干空气中每万亿（10^{12}）个气体分子中所含的该种气体分子数。